西藏特色产业高质量发展系列研究报告

西藏绿色工业
高质量发展研究报告

2021

张志恒 汪朋 ◎ 编著

西藏人民出版社

图书在版编目（CIP）数据

西藏绿色工业高质量发展研究报告 . 2021 / 张志恒，汪朋编著. -- 拉萨：西藏人民出版社，2022.8
ISBN 978-7-223-07145-1

Ⅰ. ①西… Ⅱ. ①张… ②汪… Ⅲ. ①工业生产－无污染工艺－研究报告－西藏－2021 Ⅳ. ①×7

中国版本图书馆CIP数据核字（2022）第080950号

西藏绿色工业高质量发展研究报告（2021）

编　　著	张志恒　汪　朋
责任编辑	罗布扎西
封面设计	格　　次
出版发行	西藏人民出版社（拉萨市林廓北路20号）
印　　刷	西藏福利印刷厂
开　　本	787×960　1/16
印　　张	11.75
字　　数	156千
版　　次	2022年12月第1版
印　　次	2022年12月第1次印刷
印　　数	01-1,500
书　　号	ISBN 978-7-223-07145-1
定　　价	32.00元

版权所有　翻印必究

《西藏特色产业高质量发展系列研究报告》编委会

主　　任：刘　凯　　罗旺次仁
副 主 任：卞利强
成　　员：陈爱东　　陈敦山　　狄方耀　　蒋晓艳
　　　　　刘　妤　　禄树晖　　毛阳海　　秦国华
　　　　　王芳艳　　闫红瑛　　张传庆　　张志恒
　　　　　朱普选　　杨　昆

总　序

建设团结富裕文明和谐美丽社会主义现代化新西藏的题中应有之义

一

党的十八大提出:"要适应国内外经济形势新变化,加快形成新的经济发展方式,把推动发展的立足点转到提高质量和效益上来,着力激发各类市场主体发展新活力,着力增强创新驱动发展新动力,着力构建现代产业发展新体系,着力培育开放型经济发展新优势,使经济发展更多依靠内需特别是消费需求拉动,更多依靠现代服务业和战略性新兴产业带动,更多依靠科技进步、劳动者素质提高、管理创新驱动,更多依靠节约资源和循环经济推动,更多依靠城乡区域发展协调互动,不断增强长期发展后劲。"这一战略举措标志我国经济发展全面转向以提高质量和效益上来。党的十九大作出"中国特色社会主义进入了新时代"的重大论断,新时代"我国经济已由高速增长阶段转向以高质量发展阶段,正处在转变发展方式、优化经济结构、转换增长动力的攻关期"。高质量发展意味着高质量的供给、高质量的需求、高质量的配置、高质量的投入产出、高质量的收入分配和高质量的经济循环。"建设现代化经济体系是跨越关口的迫切要求和我国发展的战略目标","必须坚持质量第一、效益优先,以供给侧结构性改革为主线,推动经济发展质量变革、效率变革、动力变革,提高全要素生产率,着力加快建设实体经济、科技创新、现代金融、人力资源协同发展的产业体系"。新时代实现"两个一百年"奋斗目标、实现中华民族伟大复兴的中国梦,不断提高人民生活水平,必须坚持社会主义市场经济改革方向,推动经济持续健康发展。

面对新形势、新要求,西藏自治区党委团结带领全区各族人民,坚持习近平新时代中国特色社会主义思想,肩负国家重要使命,科学谋划雪域高原特色产业高质量发展布局,精心凝炼特色产业发展重点,全面推进西藏经济高质量发展,为祖国西南边疆富裕文明和谐美丽奠定坚实的产业高质量发展基础。

西藏聚力发展特色产业具有重大现实意义。第一,西藏聚力发展特色产业,是构建具有区域特色现代产业体系的重大举措。加快发展高原生物产业,有助于进一步优化特色农牧业产业结构;有利于建成一批特色农产品生产基地,带动西藏地区经济高质量发展,提高特色农产品市场竞争力与占有率;有助于加快西藏藏医药科技创新和标准化体系建设。加快发展文化旅游产业,有利于提升西藏旅游的便利度、友好度、知名度和可进入性,进一步凝练具有西藏特色的旅游品牌形象。加快发展清洁能源产业,有利于充分利用西藏极为丰富的特色能源资源,打造我国重要的清洁能源供应基地,为国家实施"双碳"战略做出贡献。加快发展绿色工业,有助于提升优质矿产资源开发效益,推进建材资源开发和促进西藏特色手工业高质量发展,以实际举措延长产业链、供应链和价值链。加快发展现代服务业,能够进一步推进具有中国特色的现代教育、养老、卫生、健康等体制机制创新,促使生产性服务业、管理性服务业和新兴服务业体系更加完善、机制更加灵活、服务质量进一步提升。加快发展高新数字产业,制定和落实好促进信息产业高质量发展优惠措施,有助于进一步构建网络化协同创新体系。加快发展边贸物流产业,完善商贸流通体系,加大交通干线、口岸要镇仓储物流培育力度,完善城乡商业网点和物流配送体系,能够降低成本以及提升西藏自产商品市场占有率和综合竞争力,促进西藏经济高质量发展。

第二,西藏聚力发展特色产业,是推进产业富民工程的主要体现。西藏聚力推动高原生物产业快速发展，积极发展高原特色农畜产品加工、绿色农牧业、藏药和生物医药产业，有利于生产更多高原健康绿色产品，提高市场化竞争力，使生产者和经营者获得更多收益。推动特色文化旅游产业全域发展，提高文化旅游产业的综合效益，有助于实现旅游富民。推动绿色工业规模发展，重点推动天然饮用水产业加快发展，布局好绿色矿产业，推进装配式绿色建筑应用等产业，在有效解决建材市场供需矛盾的同时，促进西藏消费者获得物美价廉的相关产品。积极发展清洁能源产业，构建以水电为主、多能并举的清洁、经济、稳定、可持续发展综合能源体系，进一步夯实国家重要"西电东送"接续基地战略地位，为西藏各族人民走向更加美好的生活提供能源保障。推动现代服务业整体发展，积极发展城市服务业、金融服务业、工业服务业、农业服务业，助力产业高质量发展、扩大社会就业，满足群众对美好生活需要。推动高新数字产业创新发展，有利于加快高新数字产业自身培育发展，赋能其他产业升级换代，为加快建设团结富裕文明和谐美丽新西藏培育更具活力和更有富民内涵的特色产业集群。推动边贸物流产业跨越发展，发展口岸经济，促进"双循环新格局"构建，带动边境地带群众增收致富，促进西藏各族人民在南亚大通道建设中收获不断增长的物质财富。

第三，西藏聚力发展特色产业，是支撑就业优先战略的重要举措。实施就业优先战略，就是要把促进就业放在经济共享发展的优先位置，作为经济高质量发展的优先目标，强化政府责任，加大资金投入和支持，积极培育发展能够容纳吸引更多从业者就业的朝阳产业和新业态，使就业优先成为思想共识、决策导向、行动自觉。西藏聚力发展特色产业，加大就业资金安排和整合力度，推动重大项目、高新技术项目和就业容量大的中小微企业加快发展，拓宽就业渠道，提升就业服务精准度、覆盖面、实效性。壮大产业带动就业，进一步改善困难群体就业，动态消除零就业家庭，使调结构与促就业形成良性互动态势。西藏聚力发展特色产业，完善就业政策,使更多就业、创业机遇涌现出来;实施重点产业优先发展战略,有助于加快推进统一、规范、灵活的人力资源市场建设,更好发挥市场在人力资源配置中的基础作用,使市场就业、区外就业取得新突破。

第四,西藏聚力发展特色产业,是形成"两屏"战略布局的重要支撑。"两屏",即党中央在召开第五次、第六次西藏工作座谈会上提出,西藏是重要的国家安全屏障,也是重要的生态安全屏障。这是党中央根据西藏特殊区位条件和地理环境做出的科学定位,是对西藏各族人民的充分信赖,寄托了殷切期望。西藏自治区党委、政府在深入贯彻落实习近平新时代中国特色社会主义思想,贯彻落实习近平总书记关于总体国家安全观和治边稳藏重要论述,牢固树立总体国家安全观,全面提升维护国家安全能力和水平基础上,提出聚力发展特色产业,就是要通过加快发展特色产业为筑牢"两屏"提供坚实的物质基础。

第五,西藏聚力发展特色产业,是实现新型工业化、城镇化和全面实施乡村振兴战略等重大任务的现实路径。工业化与城镇化是欠发达地区实现经济高质量发展的必由之路。新型工业化与城镇化是现代化进程的一对孪生子,以城镇化推进工业化,以工业化促进城镇化,是新型工业化道路的重要内容,也是促进城镇化发展的有效途径。聚力加快发展特色产业,能够激发西藏经济活力,培育创新科技,加快西藏新型工业化和城镇化发展。积极推进特色产业高质量发展,进一步加快培育农业现代化的市场主体,推进农村产业现代化、市场化、信息化,以实际行动推进乡村振兴战略深入实施。

二

"十三五"时期是西藏与全国一道全面建成小康社会的决胜阶段,是发挥资源和区位优势,加快提升产业发展质量和效益的关键时期。按照中共西藏自治区第九次党代会和区党委九届三次全会部署，统筹推进"五位一体"总体布局和协调推进"四个全面"战略布局，贯彻落实新发展理念，坚持市场作用和政府作用协同发力，坚持产业发展和生态保护和谐共生，以提高发展质量和效益为中心，以推进供给侧结构性改革为主线，以创新驱动为引领，以改革开放为抓手，着力聚焦四条发展路径，大力推动高原生物产业快速发展、特色文化旅游产业全域发展、绿色工业规模发展、清洁能源产业壮大发展、现代服务业整体发展、高新数字产业创新发展、边贸物流产业开放发展，形成绿色环保、特色鲜明、优势突出、可持续发展的高原现代产业体系，加快实现从资源优势向经济优势、市场优势、竞争优势转化，为决胜全面建成小康社会提供坚实支撑。

2018年，西藏自治区党委提出大力发展特色产业重大战略部署，强调以提高经济社会发展质量和效益为中心，大力培育具有西藏优势和市场竞争力的产业集群，重点发展高原生物产业、文化旅游产业、清洁能源产业、绿色工业、现代服务业、高新数字产业和边贸物流业等特色产业。西藏特色产业的发展重点包括：第一，加快发展高原生物产业。积极发展绿色农牧业，加强绿色农牧业基础设施建设，提高绿色农畜产品供给能力和产品品质，打造休闲农业；加快发展高原特色农畜产品加工，提升特色农畜产品加工技术研发和转化，打造高原特色绿色品牌，培育农畜产品加工龙头企业，构建新型农业经营体系；加快发展藏药和生物医药产业，加大高原作物深加工，全力打造藏成药知名品牌，加快生物制药和大健康产业创新发展。第二，加快发展特色文化旅游产业。构建"特色、全域、可持续、惠民"文化旅游产业体系。结合西藏优秀文化底蕴与核心要素，着眼打造重要的中华民族特色文化保护地和世界旅游目的地，开发特色精品旅游产品和线路，全面提高西藏旅游文化综合效益，扩大对外开放，全力塑造"游神圣第三极·享幸福新西藏"旅游品牌形象。第三，加快发展绿色工业。推动天然饮用水产业加快发展；布局好绿色优势矿产业，引进绿色开采技术,有计划地利用以锂为主盐湖矿产,铜、铅、锌等优势资源;积极发展绿色建材业,推进装配式绿色建材应用,合理布局建材业新增产能,有效解决建材市场供需矛盾;支持民族手工业创新发展,促进民族手工业上档次、上水平;加快发展节能环保产业,推动再生资源综合利用产业化。第四,加快发展清洁能源产业。重点发展水能、太阳能、风能、地热能。充分利用资源优势,加快能源基础设施建设,优化能源生产消费结构,改善民生用能条件,构建以水电为主、多能并举、互联互通的稳定、清洁、经济、可持续发展综合能源体系,积极推进重要的"西电东送"接续基地建设,把西藏打造成为国家清洁能源基地。第五,加快发展现代服务业。做大做强金融产业,坚持普惠金融和绿色金融,完善金融机构和市场体系;培育壮大新兴服务业,积极发展农业服务业、工业服务业、城市服务业,促进新兴服务业与现代农牧业、绿色工业、信息化、城镇化有机融合,提升新兴服务业高质量发展层次。第六,加快发展高新数字产业。重点发展大数据、互联网等信息技术应用、行业信息化解决方案、数字内容行业。深耕区内信息化市场,推动互联网、云计算、大数据、物联网等信息技术在经济高质量发展和社会政务管理等方面的广泛应用和深度融合,为西藏加快发展智慧旅游、平安城市、精准扶贫、维稳管控等提供有力支撑,打造智慧旅游试点城市和高原大数据中心试点城市。第七,加快发展边贸物流产业。完善边贸内贸流通体系,建设分级物流体系。建设出口商品生产基地。以共享共用为原则,完善商贸流通体系,加快发展口岸经济,加快推动内外贸易融合发展,加大交通干线、口岸要镇仓储物流培育力度,积极构建环喜马拉雅经济合作带,将西藏打造成为面向南亚开放的重要通道。

在中央特殊关怀下,在兄弟省市无私援助下,西藏自治区党委、政府团结带领西藏各族干部群众,扎实推进,西藏特色产业发展取得显著成效:第一,培育壮大高原生物产业。"十三五"期间西藏实施青稞增产、牦牛出栏行动,青稞产量、牦牛出栏头数比"十二五"末分别增长12.2%、

25.2%，连续五年粮食产量稳定在 100 万吨以上，连续 3 年粮食安全省长责任制考核"良好"。农牧业产业化龙头企业 162 家，主要农作物综合机械化率达到 65%。农畜产品加工业总产值 57 亿元，比"十二五"末翻一番。第二，培育壮大文化旅游产业。"十三五"期间西藏创新推出了"冬游西藏"，旅游人次和收入提前两年完成"十三五"目标，分别是"十二五"时期的 2.3 倍、2.4 倍。农牧民参与乡村旅游就业 8.6 万人，年人均增收 4300 元。文化产业示范基地（园区）234 家，产值超过 60 亿元，年均增长 15%。第三，培育壮大清洁能源产业。"十三五"期间西藏澜沧江和金沙江上游清洁能源基地建设顺利推进，瓦托、金桥、加查等重要水电站投产发电。24 个扶贫光伏能源项目实现并网。累计外送电力 63 亿千瓦时，实现了西藏电力从紧缺限电到富余输出的历史性转变。第四，培育发展绿色工业。"十三五"末西藏规模以上工业企业 152 家，比"十二五"末增长 46.2%。天然饮用水销量年均增长 10% 以上，中成药年产量 3586 吨。绿色矿业稳定发展，铜锂等优势资源得到保护性利用。水泥年产量从 468 万吨增加到 1085 万吨，基础建材保障基本实现区内为主、区内外相互循环。第五，培育发展现代服务业。"十三五"期间西藏的市县乡村四级电商服务全面推开，网络零售额累计突破 200 亿元、增长 20 倍。社会消费品零售总额年均增长 9.3%。上市公司达 20 家、增长 81.8%，直接融资 103 亿元，金融业增加值占 GDP 比重提高 1 个百分点。第六，培育发展高新数字产业。"十三五"末西藏信息化指数从"十二五"末的 63.3 增长到 75.8。首个云计算中心获评国家绿色数据中心。首条计算机整机生产线落地建成，填补了西藏电子信息制造业的空白。软件和信息技术服务企业超过 300 家，数字经济规模突破 330 亿元。第七，培育发展边贸物流产业。"十三五"期间西藏城乡流通体系逐步完善，货运总量和周转量分别达 4093 万吨和 157 亿吨公里。19 家大型全国性电商和物流快递企业陆续落户，冷链仓储面积达到 11.3 万平方米。进出口贸易额累计约 230 亿元。总体来看，经过五年的产业培育与调整，产业链、供应链持续补齐建强，三次产业比例由"十二五"末的 9:32.8:58.2 调整为 7.9:42:50.1，结构进一步优化，区位经济特色和优势产业的引领作用进一步彰显。

三

习近平总书记在中央第七次西藏工作座谈会上强调指出，当今世界正经历百年未有之大变局，当今中国正处在中华民族伟大复兴的关键时期。西藏是重要的国家安全屏障和生态安全屏障，是抵御美国等西方反华势力遏制分化中国图谋的前沿阵地，是维护祖国统一、反对民族分裂的重点地区。当前西藏工作呈现出新的阶段性特征，反分裂斗争进入关键期，社会大局进入实现长治久安的推进期，经济社会进入高质量发展的转型期，生态保护进入生态文明建设的深化期，边境建设进入富民强边的攻坚期。总书记概括的"五期叠加"的阶段性特征，反映出进一步做好西藏工作任务更重、难度更大、要求更高、使命更加光荣。我们必须保持清醒头脑、增强忧患意识，把形势估计得复杂一些，把风险挑战看得严峻一些，把各项工作做得更扎实一些，这样才能不断推进西藏长治久安，确保国家安全。面对新形势新任务，党中央确定新时代西藏工作指导思想为：坚持以习近平新时代中国特色社会主义思想为指导，全面贯彻习近平总书记关于西藏工作的重要论述和新时代党的治藏方略，增强"四个意识"、坚定"四个自信"、做到"两个维护"，坚持统筹推进"五位一体"总体布局、协调推进"四个全面"战略布局，坚持稳中求进工作总基调，深化反分裂斗争，铸牢中华民族共同体意识，推进藏传佛教中国化，提升发展质量，保障和改善民生，推进生态文明建设，加强边境地区建设，加强党的组织和政权建设，抓好稳定、发展、生态、强边四件大事，确保国家安全和长治久安，确保人民生活水平不断提高，确保生态环境良好，确保边防巩固和边境安全，凝心聚力建设团结富裕文明和谐美丽社会主义现代化新西藏。

"十四五"期间，西藏特色产业高质量发展的总体思路是：加快发展现代产业体系，推动经济体系优化升级，夯实产业基础，推进产业链现代化，提高经济质量效益和核心竞争力。第一，优化产业空间布局。根据城镇空间、生态空间、农业空间总体布局，综合资源优势、区位条件和产业发展基础，立足不同区域发展定位，发挥比较优势，因地制宜发展特色产业，推动清洁能源、文化旅游、高原生物、绿色工业、现代服务业、高新数字、边贸物流产业成为经济增长的重要引擎、转型发展的重要动力、人民幸福生活的重要指标、国民经济的重要支柱性产业、高质量发展的亮点和标志，产业增加值年均增长10%以上；第二，巩固提升传统产业。推动高原生物产业快速发展。推动特色文化旅游产业全域发展。推动绿色工业规模发展。推动边贸物流产业跨越发展。第三，发展壮大新兴产业。推动高新数字产业创新发展。加快信息技术与经济社会发展深度融合，促进互联网深度广泛应用，带动生产模式和组织方式变革，推动新一代信息技术与传统产业融合发展，实施互联网+、人工智能、5G+赋能行动，形成网络化、智能化、服务化、协同化产业发展新形态。推动清洁能源产业壮大发展。加快流域综合规划编制，加快发展以水电、太阳能为主的清洁能源产业，全力推进清洁能源基地开发建设，打造国家清洁能源接续基地。推动现代服务业整体发展。加快生产性服务业向专业化和价值链高端延伸，大力发展研发设计、金融保险、节能环保、法律服务等服务业，加快推进服务业数字化；推动生活性服务业向高品质和多样化升级，加快发展健康、养老、育幼、体育、家政、物业等服务业。第四，完善高原特色产业综合扶持政策，坚持权利平等、机会平等、规则平等，坚决破除各种隐性壁垒，支持非公经济和中小微企业加快发展。落实西部地区鼓励类产业目录和国家各项财政、税收、金融优惠政策，完善高原特色产业综合扶持政策。加强银行信贷扶持，积极争取开发性、政策性金融支持，鼓励商业银行加大信贷投放力度，开发具有西藏特色的金融产品和服务，增强服务实体经济能力。积极推进地产产品研发推广应用，对本土资源加工类产品出藏运输费用给予财政补贴，增强保持产业链供应链稳定能力，加强供需动态匹配。构建有利于新技术、新产品、新业态、新模式赋能特色产业发展的政策环境。

四

2021年7月在庆祝西藏和平解放70周年之际，中共中央总书记、国家主席、中央军委主席习近平来到西藏，祝贺西藏和平解放70周年，看望慰问西藏各族干部群众，给各族干部群众送去党中央的关怀。习近平总书记指出，西藏和平解放70年来，在党中央坚强领导下，在全国人民大力支持下，西藏各族干部群众艰苦奋斗、顽强拼搏，社会制度实现历史性跨越，经济社会实现全面发展，人民生活极大改善，城乡面貌今非昔比。实践证明，没有中国共产党就没有新中国，也就没有新西藏。毋庸置疑，党中央关于西藏工作的方针政策是完全正确的。习近平总书记强调，要全面贯彻新时代党的治藏方略，坚持稳中求进工作总基调，立足新发展阶段，完整、准确、全面贯彻新发展理念，服务和融入新发展格局，推动高质量发展，加强边境地区建设，抓好稳定、发展、生态、强边四件大事，在推动青藏高原生态保护和可持续发展上不断取得新成就，奋力谱写雪域高原长治久安和高质量发展新篇章。习近平总书记指出，推动西藏高质量发展，要坚持所有发展都要赋予民族团结进步的意义，都要赋予改善民生、凝聚人心的意义，都要有利于提升各族群众获得感、幸福感、安全感。要扬长避短，因地制宜，深化改革开放，加快铁路、公路及其他重大基础设施建设，加快发展特色产业，加快建设国家清洁能源基地，统筹发展和安全，走出一条符合西藏实际的高质量发展之路。

2021年12月，中共西藏自治区第十次党代会提出，产业是高质量发展的根基。立足西藏经济社会发展实际，优化一产、壮大二产、提升三产，努力把资源优势转化为发展优势，积极培育战略性新兴产业，加快构建现代产业体系。加快发展文化旅游产业，坚持特色、高端、精品，丰富文化旅游产品，完善旅游基础设施，优化旅游业发展环境，创新旅游营销模式，促进文旅融合、提质增效。推动文化旅游产业全域全时高质量发展，实现文化产业产值翻一番；加快发展清洁能源产业，坚持水光风热互补、源网荷储一体，全力构建清洁能源"一基地、两示范"发展新格局。加快电力外送通道建设，着力建设国家清洁能源基地，打造新型电力系统示范区、清洁可再生能源利用示范区；加快发展绿色工业，重点推动绿色矿业、天然饮用水和民族手工业加快发展，开展战略性矿产资源和羌塘油气资源评估，推进扎布耶现代盐湖等产业开发，加快建筑业、建材业转型升级；加快发展现代服务业，着力发展研发设计、金融保险、节能环保等生产性服务业，重点发展健康、养老、育幼、体育、家政、物业等生活性服务业，更好服务实体经济和满足人民多样化需求。培育壮大消费市场，大力发展夜间经济。加快发展高原生物产业，坚持稳粮、兴牧、强特色，深化农牧业供给侧结构性改革，高标准建设一批青稞、牦牛等特色农畜产品生产基地和产业带。大力支持龙头企业加快发展，建强农牧民专业合作组织。加快发展藏药产业。加快发展高新数字产业，积极推动互联网、大数据、云计算、人工智能、卫星技术等新一代信息技术同经济社会发展深度融合，建设面向南亚数字港，推动产业数字化、数字产业化。加快发展边贸物流业，加强吉隆、樟木、普兰口岸基础设施和功能建设，实施边民互市进口商品落地加工。强化商贸流通体系支撑作用，推进城乡物流配送网络一体化，推动商贸流通体系向偏远乡村延伸。

2022年1月，西藏自治区政府工作报告提出，抓根基支柱，培育壮大高原特色产业。第一，大力发展高原特色农牧产业，高标准建设一批特色农畜产品生产基地和产业带，有条件的县区打造1—2个特色产业园区。引进和培育若干农牧业产业化龙头企业。第二，大力发展清洁能源产业。建设金沙江上游和雅鲁藏布江中游水风光储多能互补基地，加快雅江水电龙头工程前期工作，积极推进百万千瓦级光伏基地和高海拔风电建设，有序推进"新能源＋储能"试点示范，力争建成和在建装机1600万千瓦；第三，大力发展绿色工业。开展战略性矿产资源勘查，开工建设扎布耶万吨电池级碳酸锂项目，推进铜矿开发扩能提质。加快建筑业、建材业转型升级，引导绿色健康发展。天然饮用水产销量增长20%。支持民族手工业发展，推动藏医药产业扩量提质增效。实现规模以上工业增加值增长10%。第四，大力发展文化旅游产业。提升"冬游西藏""文创西藏"影响力。优化旅游线路布局，打造G219、G318精品线路，推进文化旅游与乡村振兴、兴边富民深度融合，实现3A级以上景区智慧旅游覆盖面50%以上；第五，加快发展高新数字产业。积极融入"东数西算"布局，打造拉萨绿色数据中心集群和核心节点。加快工业互联网公共服务平台建设，在教育、医疗、交通、物流、矿山等领域培育15个5G应用示范，加速西藏数字"蝶变"。第六，加快发展边贸物流产业。建设两个以上冷链物流集散中心，构建城乡商贸流通一体化网络。推进边民互市贸易区、边贸市场和边贸点建设，实施边民互市进口商品落地加工，实现边境贸易和进出口贸易双增长。第七，加快发展现代服务业。积极发展研发设计、金融保险、节能环保等生产性服务业，支持发展健康医疗、养老育幼、家政物业等生活性服务业。培育新型消费热点，打造"西藏味道"美食街，发展假日经济、夜间经济。

习近平总书记指出，要走出一条符合西藏实际的高质量发展之路。西藏推进高原经济高质量发展具有良好的物质基础和巨大的资源优势。在"两个一百年"奋斗目标交汇的战略节点上，西藏特色产业高质量发展站在了新起点上，要围绕建成国家重要的战略资源储备基地、高原特色农产品基地、世界旅游目的地、清洁能源基地和面向南亚开放重要通道，打高原牌、绿色牌、特色牌，用好外力、增强内力、凝聚合力，切实把政策资源优势转化为经济高质量发展优势，让各族人民共享经济社会发展成果、奔向共同富裕，努力做到高原经济高质量发展走在全国前列！

五

2021年是中国共产党成立100周年，是西藏和平解放70周年，是"十四五"开局之年，站在实现"两个一百年"奋斗目标交汇新起点上，为全面总结和平解放70年来西藏特色产业发展取得的经验，为新时代西藏特色产业高质量发展做出绵薄之力。西藏民族大学"西藏文化传承发展协同创新中心"组织校内外多学科专家与西藏涉及特色产业发展的厅局协同开展研究，在西藏产业70年与新时代高质量发展研究、西藏高原生物产业高质量发展研究报告、西藏文化旅游产业高质量发展研究报告、西藏绿色工业高质量发展研究报告、西藏清洁能源产业高质量发展研究报告、西藏边贸物流产业高质量发展研究报告、西藏高新数字产业高质量发展研究报告、西藏现代服务业高质量发展研究报告基础上，编纂了包括《西藏高原生物产业高质量发展研究报告（2021）》《西藏文化旅游产业高质量发展研究报告（2021）》《西藏绿色工业高质量发展研究报告（2021）》《西藏清洁能源产业高质量发展研究报告（2021）》《西藏边贸物流产业高质量发展研究报告（2021）》《西藏高新数字产业高质量发展研究报告（2021）》《西藏现代服务业高质量发展研究报告（2021）》共七册"西藏特色产业高质量发展系列研究报告"。其中：

1.《西藏高原生物产业高质量发展研究报告（2021）》

高原生物产业是西藏经济社会高质量发展的基础产业、优势产业、民生产业，是西藏经济稳定之基、发展之本、稳定之要。加快推进西藏农牧业高质量发展，是促进农牧民就业增收、全面建成小康社会、维护国家生态安全、确保长治久安的必然要求，具有特殊战略地位和现实意义。本书在详细梳理西藏高原生物产业发展区域特征、发展历程、发展环境、资源禀赋基础上，找出存在的问题和制约因素，总结发展成就及经验，提出高质量发展思路与目标任务、发展路径与对策建议。期望本书能对西藏高原生物产业高质量发展提供借鉴。

2.《西藏文化旅游产业高质量发展研究报告（2021）》

文化旅游产业是西藏传统优势特色产业，在西藏经济社会发展、生态文明建设、文化交流交融等方面具有重要作用。本书在梳理文化旅游产业概念界定及西藏文化旅游产业发展条件的基础上，重点总结西藏文化旅游产业取得的成就和特征，同时结合新发展阶段的发展环境与政策，提出西藏文化旅游产业发展面临的困境与挑战，并提出未来促进其高质量发展的对策建议。期望本书能对西藏文化旅游产业高质量发展提供借鉴。

3.《西藏绿色工业高质量发展研究报告（2021）》

绿色工业是实现西藏经济社会高质量发展的需要。本书结合国家统计局相关产业分类标准，从诠释工业产业集群内涵和行业入手，在阐述西藏加快发展绿色工业的必要性和重要意义的基础上，着重分析了西藏绿色工业发展现状与存在问题，按照西藏优势矿产业高质量发展专题、西藏绿色建材业高质量发展专题、西藏民族手工业高质量发展专题、西藏节能环保产业高质量发展专题，探讨了西藏绿色工业高质量发展面临的困境与挑战，提出了相应的对策建议。期待本书能对西藏绿色工业高质量发展提供借鉴。

4.《西藏清洁能源产业高质量发展研究报告（2021）》

西藏作为我国战略资源储备基地和"西电东送"接续地，以"坚持开发利用当地能源资源和外地输入优质能源并举，形成以水电为主，油、气和可再生能源互补的可持续发展综合能源体系"为主线，在增强区内能源供应保障能力的同时，为国家调整能源结构和顺利实现"双碳"目标做出重要贡献。本书通过梳理西藏清洁能源产业发展历程、取得的成就，归纳西藏清洁能源产业发展面临的问题与前景，集中对西藏太阳能、风能、地热能、水能等四大清洁能源产业进行较为翔实、系统分析，探讨了西藏清洁能源产业发展的优势与短板，提出了未来促进其高质量发展的思路与目标任务、发展路径与对策建议。期待本书能对西藏清洁能源产业高质量发展提供借鉴。

5.《西藏边贸物流产业高质量发展研究报告（2021）》

西藏作为连接东亚与南亚极其重要的陆路枢纽，有着不可替代的战略地位。在国家新一轮对外开放背景下，西藏肩负着时代重任，必须加快推进"环喜马拉雅经济合作带"和南亚大通道建设步伐。2021年是"十四五"开局之年。本书着眼于建设面向南亚开放的国际物流枢纽，以共享共用完善商贸流通体系、发展口岸经济，加快推动内外贸易融合发展和"双循环"发展新格局，加大交通干线、口岸要镇仓储物流培育力度，优化重点产业布局为发展要务。期待本书能对西藏边贸物流产业高质量发展提供借鉴。

6.《西藏高新数字产业高质量发展研究报告（2021）》

推动互联网、大数据、云计算、人工智能、卫星技术等新一代信息技术同经济社会发展深度融合，建设面向南亚数字港，推动产业数字化、数字产业化，加速西藏数字"蝶变"是西藏高质量发展的重要支撑。本书以西藏高新数字产业为研究对象，重点研究了西藏高新数字产业发展规模、发展特点、数字化水平和政策支撑体系。结合理论模型使用定量分析、案例分析、对比分析等方法，探索了西藏高新数字产业发展存在的问题和制约因素，提出了未来促进其高质量发展的战略与目标任务、路径与对策建议。期待本书能对西藏高新数字产业高质量发展提供参考。

7.《西藏现代服务业高质量发展研究报告（2021）》

提升西藏现代服务业的发展水平，对西藏优化产业结构、提升服务业层次和加快经济发展有重要意义。本书在梳理西藏现代服务业基本概况，以金融服务业、城市服务业为重点，分析了西藏现代服务业的发展历程、发展环境、资源禀赋，探索了西藏现代服务业高质量发展存在的问题和制约因素，总结了发展成就与成功经验，提出了未来促进其高质量发展的思路与目标任务、发展路径与对策建议。期待本书能对西藏现代服务业高质量发展提供借鉴。

以上七种书在研究内容上全面涵盖了西藏特色产业高质量发展的理论与实践问题。本系列研究报告的编纂，汇聚了西藏民族大学和西藏自治区内外相关领域的专家学者，历时一年多时间完成初稿，并经专家委员会论证、修改完善，最后由西藏人民出版社审定出版。在本系列研究报告的编纂过程中，我们牢牢把握本系列研究报告主要是为西藏区内各级管理干部和相关研究人员服务的宗旨，内容力求通俗易懂。本系列研究报告以西藏特色产业发展历程为基础，重在构建推动西藏特色产业高质量发展的框架体系，为读者提供具有实践意义的研究性借鉴。在具体结构上，上述七种书在文字叙述中穿插了一定的模块化图文。可以说，这套书对于全面了解西藏特色产业高质量发展具有很好的借鉴和参考价值。

在本系列研究报告即将出版之际，作为西藏高校的教育工作者，编写组成员为西藏特色产业发展取得的历史性成就感到无比自豪。作为本系列研究报告的主编，对参与本系列研究报告策划、撰稿、出版的各位专家表示感谢，感谢他们为此项工作贡献的智慧和力量。同时，由于时间紧，本系列研究报告对于西藏特色产业高质量发展的理论研究和现实问题探索有待进一步深入，典型经验有待进一步凝练，所提出的高质量发展路径与对策建议有待实践检验。今后我们一定会再接再厉，持续关注西藏经济社会高质量发展中所遇到的重大现实和理论问题，力争为助推西藏特色产业高质量发展做出更大贡献。

编　者
二〇二二年三月

目 录

第一篇 综合篇 1

第一章 西藏绿色工业发展的内涵与可行性 3

一、绿色工业发展与西藏绿色工业发展的内涵 3

（一）绿色工业及其发展内涵 3

（二）西藏绿色工业及其发展的内涵 10

二、西藏绿色工业发展的可行性 14

（一）西藏绿色工业发展的必要性 14

（二）西藏绿色工业发展的重要性 17

第二章 西藏绿色工业发展的基础与条件 19

一、西藏绿色工业发展的区位与自然基础 19

（一）西藏绿色工业发展的区位基础 19

（二）西藏绿色工业发展的自然基础 19

二、西藏绿色工业发展的特色资源基础 20

（一）西藏拥有丰富的优质水资源 20

（二）西藏拥有丰富的优势矿产资源 21

三、西藏绿色工业发展的经济社会条件 25

（一）西藏绿色工业发展的经济条件 25

（二）西藏绿色工业发展的社会条件 27

四、西藏绿色工业发展的政策条件 30

（一）中央促进绿色工业发展的政策 30

（二）中央历次西藏工作座谈会精神 31

（三）中央支持西藏绿色工业发展的优惠政策……38
　　（四）西藏支持绿色工业发展的政策措施……40

第三章　西藏绿色工业发展的历程、现状与问题……42
一、西藏工业发展的历程与内在规律……42
　　（一）西藏工业发展的历程……42
　　（二）西藏工业发展的内在规律……53
二、西藏绿色工业发展的成效与特殊性……59
　　（一）西藏绿色工业发展的成效……59
　　（二）西藏绿色工业发展的特殊性……60
二、西藏绿色工业发展存在问题分析……64
　　（一）西藏绿色工业发展存在的问题……64
　　（二）西藏绿色工业发展最大制约是内生动力不足……66

第二篇　行业篇……69

第四章　西藏天然饮用水产业发展专题……71
一、西藏天然饮用水产业发展的基础与成就……71
　　（一）西藏天然饮用水产业发展的基础……71
　　（二）西藏天然饮用水产业发展的成就……71
二、西藏天然饮用水产业发展的问题与形势研判……74
　　（一）西藏天然饮用水产业发展的问题……74
　　（二）西藏天然饮用水产业发展的形势研判……77
三、西藏天然饮用水产业发展的定位与对策……78
　　（一）西藏天然饮用水产业发展的基本定位……78
　　（二）西藏天然饮用水产业发展的对策建议……80

第五章　西藏绿色矿业发展专题……83
一、西藏矿业发展的基础与成就……83

（一）西藏矿业发展的基础……83
　　（二）西藏矿业发展的成就……84
二、西藏绿色矿业发展存在的问题与形势研判……89
　　（一）西藏绿色矿业发展存在的问题……89
　　（二）西藏绿色矿业发展的形势研判……90
三、西藏绿色矿业发展的定位与对策……91
　　（一）西藏绿色矿业发展的基本定位……91
　　（二）西藏绿色矿业发展的对策建议……92

第六章　西藏绿色建材业发展专题……95
一、西藏绿色建材业发展的基础与成就……95
　　（一）西藏绿色建材业发展的基础……95
　　（二）西藏绿色建材业发展的成就……96
二、西藏绿色建材业发展存在的问题与形势研判……101
　　（一）西藏绿色建材业发展存在的问题……101
　　（二）西藏绿色建材业发展的形势研判……103
三、西藏绿色建材业发展的定位与对策……104
　　（一）西藏绿色建材业发展的基本定位……104
　　（二）西藏绿色建材业发展的对策建议……106

第七章　西藏民族手工业发展专题……110
一、西藏民族手工业发展的基础与成就……110
　　（一）西藏民族手工业发展的基础……110
　　（二）西藏民族手工业发展的成就……113
二、西藏民族手工业发展存在的问题与形势研判……116
　　（一）西藏民族手工业发展存在的问题……116
　　（二）西藏民族手工业发展的形势研判……117
三、西藏民族手工业发展的定位与对策……118

（一）西藏民族手工业发展的基本定位 ·· 118
　　（二）西藏民族手工业发展的对策建议 ·· 119

第八章　西藏节能环保产业发展专题 ·· 124
一、西藏节能环保产业发展的基础与成就 ·· 124
　　（一）西藏节能环保产业发展的基础 ·· 124
　　（二）西藏节能环保产业发展的成就 ·· 128
二、西藏节能环保产业发展的经验与形势研判 ······································ 131
　　（一）西藏节能环保产业发展的经验 ·· 131
　　（二）西藏节能环保产业发展的形势研判 ·· 134
三、西藏节能环保产业发展的定位与对策 ·· 136
　　（一）西藏节能环保产业发展的基本定位 ·· 136
　　（二）西藏节能环保产业发展的对策建议 ·· 137

第九章　西藏绿色工业发展展望 ·· 142
一、西藏绿色工业发展的指导思想与基本原则 ······································ 142
　　（一）西藏绿色工业发展的指导思想 ·· 142
　　（二）西藏绿色工业发展的基本原则 ·· 144
二、西藏绿色工业发展的目标与定位 ·· 146
　　（一）西藏绿色工业发展的目标 ·· 146
　　（二）西藏绿色工业发展的定位 ·· 147
三、西藏绿色工业发展的路径与遵循 ·· 150
　　（一）西藏绿色工业发展的路径 ·· 150
　　（二）西藏绿色工业发展的遵循 ·· 151
四、西藏绿色工业发展的重点任务与对策建议 ······································ 155
　　（一）西藏绿色工业发展的重点任务 ·· 155
　　（二）西藏绿色工业发展的对策建议 ·· 159

参考文献 ·· 162

后　　记 ·· 165

第一篇 综合篇

第一章 西藏绿色工业发展的内涵与可行性

一、绿色工业发展与西藏绿色工业发展的内涵

（一）绿色工业及其发展内涵

18世纪工业革命之后，西方资本主义国家经济飞速发展，但它们基本上都经历着一条"先污染，后治理"的粗放式发展道路。上世纪中叶，生态环境恶化震惊全世界，全球各界开始密切关注生态环境保护，世界各国开始反思传统经济发展方式存在的诸多问题，深度探索新形势下的经济发展的新理论。在上述背景下，学界逐渐加大对绿色发展实践与理论的研究。伴随学界对绿色发展研究的深入，绿色发展研究内容逐渐丰富，研究范围迅速扩展，逐步形成关于绿色发展的一套规范体系。伴随绿色经济理论在学界得到广泛认同、不断充实完善，绿色工业得到社会普遍重视。

概括地讲，绿色工业就是指能够实现清洁化生产，并生产出绿色产品的工业部门和体系。其本质就是要求生产满足人们需要的产品同时，能够合理地使用自然资源和能源，自觉保护好环境并全面实现生态平衡，实现人类生产活动与自然环境的和谐共生。绿色工业重要的环节就是通过减少物料消耗，实现生产废物的减量化、资源化和无害化。毫无疑问，绿色工业概念的提出是基于人类认识的不断进步。即一切工业污染都是工业生产对资源利用不当或利用不足导致的必然结果的研判。而绿色工业概念的提出和深入发展就是为解决好工业生产过程中对资源利用不当或利用不足问题。

基于以上考虑，可以认定：绿色工业在某种程度上就是工业的绿色化，

因此绿色工业自然而然是现代工业化的一个重要阶段，和高污染高能耗的其他工业化阶段相比，绿色工业仅仅是工业化的一个全新阶段或者是升级阶段，因此绿色工业或者工业绿色化阶段不能脱离工业化的其他阶段单独存在，因为它不是一种独立形态，不能独立存在。基于此，可以认定：绿色工业或工业绿色化本身就是一个动态过程。绿色工业必须在推进工业化的过程中逐步实现，综合考虑到经济与资源环境和社会的协调发展等众多新要素之后，依靠科技进步不断提高经济发展质量、提高经济效益、推动产业结构优化升级；绿色工业化或绿色工业注重工业化进程中的资源能源合理有效开发和利用，中心是控制和降低环境污染，增强污染治理监管力度，持续推进能实现协调和可持续发展的工业化道路，因此绿色工业和绿色工业化将为可持续发展提供动力和支撑。为此，准确把握绿色工业深刻内涵需要抓住五大特征：第一，绿色工业是从源头入手根治造成污染的制造过程的，它高度关注产品绿色的生命周期；第二，绿色工业要求污染物要消除在整个制造过程中，强调制造过程要协调经济效益和环境效益的关系，不能以牺牲环境换取单纯的经济效益提高；第三，绿色工业强调不同类型、相关类型的企业之间必须形成完整的工业生态链，进而在部门协同中促进构成污染物零排放体系或最小排放体系；第四，绿色工业强调污染是指在不同尺度上超过生态平衡所能接受的外源性污染，因此绿色工业必须建立在低排放的基础之上；第五，绿色工业强调持续性对环境污染的集成预防策略，追求构成可持续发展战略的最佳模式。

准确把握绿色工业深刻内涵，需要全面深刻理解把握工业绿色发展、绿色工业化、新型工业化等重要概念的内涵和相互关系。

第一，工业绿色发展。也称为绿色工业，是源于环境保护基础上促进工业发展的现实需要。工业绿色发展的目的是通过培育新的绿色经济增长点、保护生态环境，强调实现经济发展必须是建立在资源承载能力基础上和环境容量约束下的可持续发展。广义的绿色发展包括存量经济绿色化改造和发展绿色经济两个重要方面,前者解决存量,后者解决增量。因此完整意义上的绿色发展覆盖国民经济全部空间布局、所有生产方式、整个产业结构和全部消费模式,体现着"转变发展方式、调整产业结构"的所有方面和内在要求。这就决定着发展绿色经济、推动经济绿色转型需要立足再生产全过程制定相应的发展战略、目标任务和推进框架,要从工业、农业和服务业三大产业全面推动绿色化,深度调整产业结构,全面加速经济由劳动力密集型向技术密集型转变。

狭义工业绿色发展包括绿色生产制造过程、产品绿色化、节能减排、清洁生产、企业绿色化。循环经济以3R为基本原则,即Reduce(减量化)、Reuse(再利用)、Recycle(再循环)。但"3R"只是原则,不是全部要素。循环经济应在一定条件下将物质、能量、时间、空间、资金"五要素"有效整合在一起。循环经济注重协调物质循环链、能量利用链构建,强调应在合理时间、空间配置前提下,以生态系统和生态链方式构成覆盖全过程产业集群。发展循环经济有循环能耗、有循环过程(时间、空间)、有循环成本、有资金流动和增值内涵,是有利于形成"资源—产品—废弃物—资源再生"再生循环发展模式,循环经济强调实现经济效益、社会效益和环境效益协同发展的经济发展模式。[①]

经济实践中与工业绿色发展相联系的另一个概念是低碳发展。低碳发展源自全球气候变化,本质上是一种能源与发展战略的深度调整,核心是通过能源技术创新、碳汇技术发展和制度创新以降低单位GDP的碳强度,进而有效控制全球温室气体总排放量,避免温室气体浓度升高影响人类生存和发展(例如气候变化异常、出现灾害天气)。实践中深刻认识低碳发展另一着眼点是未来几十年国际竞争力和低碳技术市场,具体体现在能源

---

① "工业绿色发展工程科技战略及对策研究"课题组.工业绿色发展工程科技战略及对策[J].中国工程科学,2015—07—15.

效率提高、能源结构优化及消费行为理性化，当然也会涉及产业结构调整和优化。

绿色发展、循环发展和低碳发展是相辅相成、相互促进的，构成一个完整的有机整体。绿色化是经济发展的新要求和转型发展的新主线，循环是提高资源效率途径，低碳是能源战略调整的目标。从内涵看，绿色发展更为宽泛，涵盖循环发展和低碳发展全部核心内容，循环发展、低碳发展则是绿色发展的重要路径和实现形式。因此，可以用绿色发展来统一表述。

第二，工业绿色发展。现实中，工业（制造业）门类繁多，如果按生产方式、生产过程中物质（物料）所经历变化（变换）和产品特点分类，则制造业可以分为流程制造业与制品（装备）制造业两大类。2012年，中国流程制造业能耗约占工业总能耗的64%以上，是绿色化的重要切入口，特别是钢铁、有色、石化、化工、建材、造纸等流程制造业。产业绿色发展以绿色、循环、低碳发展理念为导向，拓展流程工业功能——即流程制造业实现优质产品制造功能、能源高效转换功能、废弃物处理——消纳及再资源化功能。实现各行业转型升级，同时高度重视通过产业结构调整为抓手，推进推广绿色发展。[①] 对工业绿色发展而言，工程科技与节能减排、清洁生产、末端治理（被动的末端治理）、循环经济、低碳经济、工业生态链和绿色制造都有不同程度联系。工业绿色发展不仅需要工程科技支撑，更需要产业结构调整和布局优化，如合理控制和化解产能过剩，淘汰落后产能、落后工艺、落后产品等，采取从被动面对转向主动调整和政策引导。工业绿色发展工程科技包括：面向原料/能源的策略性选择，使相关能源消耗及各类废弃物产生和排放减量化；面向制造过程技术解析——集成、重构——优化策略，使生产效率和资源、能源利用效率提高；面向产品绿色化开发、

---

① "工业绿色发展工程科技战略及对策研究"课题组.工业绿色发展工程科技战略及对策[J].中国工程科学，2015—07—15.

使用、废弃、回收全寿命分析策略；面向物质/能量高效（循环）利用工业生态链构筑策略；面向绿色化发展物质流、能量流、信息流融合技术和示范工程；CO2减排、回收和利用。

第三，绿色工业化是在发展经济学范围内对工业化过程进行的理论分析。绿色工业化理论在不同国家和同一国家不同发展阶段，国家将根据具体国情提出相应的共工业发展方式。对于我国制造业来说，《中国制造2025》提出的绿色制造具有重要意义。工业（制造业）是实体经济的主体，是国民经济的支柱，也是国家安全和人民幸福生活的基础。近十年来我国工业行业成绩举世瞩目，但是工业粗放式快速发展给生态环境造成的影响也触目惊心。空气质量下降、重金属污染加剧、水源和土壤被破坏，生态环境恶化，严重影响大众健康。我国工业发展已到刻不容缓地需要转向"绿色发展"的重要转型期。推进工业绿色发展，对于建设资源节约型、环境友好型社会和促进生态文明建设，具有重大意义。[①]

第四，新型工业化是在党的十六大报告中正式提出的，其含义是"坚持以信息化带动工业化，以工业化促进信息化，走出一条科技含量高、经济效益好、资源消耗低、环境污染少、人力资源优势得到充分发挥的新型工业化路子"。党的十八大再次提出"坚持走中国特色新型工业化、信息化、城镇化、农业现代化道路，推动信息化和工业化深度融合、工业化和城镇化良性互动、城镇化和农业现代化相互协调，促进工业化、信息化、城镇化、农业现代化同步发展"。我国的新型工业化战略，就是绿色工业化理论在我国的具体应用，是具有中国特色的绿色工业化发展战略。党的新型工业化战略表明，我国政府已经在"绿色工业化"领域迈出实质性一步，这对于我国实现可持续发展必将产生重大影响。绿

[①] "工业绿色发展工程科技战略及对策研究"课题组. 工业绿色发展工程科技战略及对策[J]. 中国工程科学，2015—07—15.

色化发展与产业结构调整和生态文明建设紧密相关，体现社会主义核心价值观。《关于加快推进生态文明建设的意见》提出"协同推进新型工业化、城镇化、信息化、农业现代化和绿色化"，首次提出"绿色化"，与原来倡导的"新四化"并举，具有重大意义。生态文明和"绿色化"理念与社会主义核心价值观一脉相承。绿色发展是《中国制造2025》的组成部分，同时也是一种提高中国经济硬实力的强大杠杆。[①] 作为我国实施制造强国战略第一个十年行动纲领，《中国制造2025》提出九大战略任务重点，其中第五个就是全面推行绿色制造，加大先进节能环保技术、工艺和装备研发力度。加快制造业绿色改造升级。积极推行低碳化、循环化和集约化，提高制造业资源利用效率，强化产品全生命周期绿色管理，努力构建高效、清洁、低碳、循环绿色制造体系。

实践上，我国一直在加快推进绿色发展。2015年10月，党的十八届五中全会提出"必须牢固树立并切实贯彻创新、协调、绿色、开放和共享的五大发展理念"，[②] 系统阐述绿色发展目标、原则、重点任务、实现路径和保障措施。同年，中共中央、国务院印发《关于加快推进生态文明建设的意见》，提出协同推进新型工业化、信息化、城镇化、农业现代化和绿色化。我国已经建成独立完整的现代工业体系，是全世界唯一拥有联合国产业分类中所列全部工业门类的国家。[③] 新中国成立70年来，我国工业增加值增长超970倍，[④] 2019年，我国工业增加值达到31.7万亿元，占GDP

---

① "工业绿色发展工程科技战略及对策研究"课题组.工业绿色发展工程科技战略及对策[J].中国工程科学，2015—07—15.

② 中华人民共和国国务院.中共中央国务院关于加快推进生态文明建设的意见[EB/OL].（2015—05—05）[2020—04—30].http://www.gov.cn/xinwen/2015—05/05/content_2857363.htm.

③ 人民网.我国已成为全世界唯一拥有全部工业门类的国家[EB/OL].（2019—09—21）[2020—04—30].http://m.people.cn/n4/2019/0921/c3604—13217550.html.

④ 新华网.70年工业增加值增长超970倍[EB/OL].（2019—09—17）[2020—04—30]. http://www.xinhuanet.com/2019—09/17/c_1125006725.htm.

的 32.0%。全年工业用电量占全社会用电量的 68.3%，①水资源消耗量占全社会消耗量的 22.2%。②2021 年全部工业增加值 372,575 亿元，比 2020 年增长 9.6%。规模以上工业增加值增长 9.6%。规模以上工业中，分经济类型看，国有控股企业增加值增长 8.0%，股份制企业增长 9.8%，外商及港澳台商投资企业增长 8.9%，私营企业增长 10.2%。分门类看，矿业增长 5.3%，制造业增长 9.8%，电力、热力、燃气及水生产和供应业增长 11.4%。③工业既是能源资源消耗部门、污染物和温室气体排放的主要部门，也是提升资源能源利用效率、在提高人民生活水平条件下解决和改善生态环境的技术提供部门和实践部门。④全面推行绿色制造是实现工业绿色发展⑤的必由之路，是破解工业化导致的经济发展和环境保护问题的根本之策。推动产业结构朝着科技含量高、资源消耗低和环境污染少的方向调整，加快生产绿

---

① 国家能源局. 国家能源局发布 2019 年全国电力工业统计数据 [EB/OL].（2020—01—20）[2020—04—30].http：// www.nea.gov.cn/2020—01/20/c_138720881.htm.
② 新华网. 中华人民共和国 2019 年国民经济和社会发展统计公报 [R/OL].（2020—02—28）[2020—04—30].http：//www.xinhuanet.com/fortune/2020—02/28/C—1125640331.htm.
③ 中华人民共和国 2021 年国民经济和社会发展统计公报 [R/OL].（2022—02—28）[2022—04—30]. https://mp.weixin.qq.com/s/2gP_Bp14uZfd42sIfcvIyQ.
④ 史丹. 中国工业绿色发展的理论与实践—兼论十九大深化绿色发展的政策选择 [J]. 当代财经，2018—13—11.
⑤ 工业绿色发展是基于"绿色经济"概念提出来的。国外学界认为，工业绿色发展是要实现生产过程中所有环节的资源利用最大化，从而减少工业废物产生，进而实现经济可持续发展。绿色发展模式是顺应全球经济发展趋势产生的。联合国工发组织基于发展中国家视角，提出工业绿色发展是一种以低碳节能、资源节约、废弃物排放低和零污染为主要特征的新型工业发展模式，具体就是要求工业规模扩张满足生产和消费可持续性条件。主要包括实现工业绿色化和绿色产业，即通过采用清洁生产等措施实现生产和消费过程中的资源使用效率和生态环境绩效持续改善。国内对于工业绿色发展研究还处于起步阶段。普遍认为，工业绿色发展就是工业企业对环境和生产行为不断朝着减少污染，提高生产效率的目标变化的过程。是政策体系、技术升级、产业集聚的融合联动发展。绿色工业的典型代表是绿色制造，即综合考虑环境影响和资源利用效率的现代制造模式，其目标是使产品从设计、制造、包装、运输、使用到报废处理的整个产品生命周期中对环境副作用最小，资源利用率最高。绿色制造是可持续发展战略在制造业中的体现。或者说绿色制造是现代制造业的可持续发展模式。绿色制造涉及面很广，涉及产品整个生命周期。对制造环境和制造过程而言，绿色制造主要涉及资源优化利用，清洁生产和废弃物的最少化及综合利用。

色化，增加绿色产品供给，既能有效缓解资源能源约束，减轻生态环境压力，更能有效推动工业转型升级，培育新经济增长点，稳增长、调结构、增效益的关键措施，对促进工业文明与生态文明和谐共融具有重要意义。①

（二）西藏绿色工业及其发展的内涵

西藏是我国五大民族自治区之一，特殊区情决定和平解放以来西藏工业发展具有起步晚、底子薄、发展不均衡、门类不齐全的特殊性。其中起步晚是指西藏工业部门均源自和平解放以后；底子薄是指西藏工业部门发展基础薄弱；发展不均衡是指西藏工业发展呈区域不平衡性，主要分布在人口密集相对集中的城镇和资源富集区；门类不齐全是指西藏工业发展主要包括基于特色资源而发展起来的特色加工业。

西藏绿色工业是基于《中国制造2025》提出的，其目标是通过推进西藏工业的绿色发展。绿色工业对于西藏建设资源节约型、环境友好型社会和促进生态文明建设具有重大意义。其核心就是促进西藏环境保护，培育西藏产生新的经济增长点、保护生态环境。进而促进西藏转变发展方式、调整产业结构。具体而言，就是实现西藏绿色生产制造、产品绿色化、节能减排、清洁生产、企业绿色化等重要目标。探索和构建符合"西藏特点"要求的有利于形成"资源—产品—废弃物—资源再生"的再生循环发展模式，实现西藏经济发展的经济效益、社会效益和环境效益的协同。

《西藏自治区"十三五"时期产业发展总体规划》明确指出，按照自治区第九次党代会和区党委九届三次全会部署，统筹推进"五位一体"总体布局和协调推进"四个全面"战略布局，贯彻落实新发展理念，以处理好"十三对关系"为根本方法，坚持市场作用和政府作用协同发力，坚持产业发展和生态保护和谐共生，以提高发展质量和效益为中心，以推进供给侧结构性改革为主线，以创新驱动为引领，以改革开放为抓手，着力聚

---

① 董伟，王晓元.构建绿色制造体系加快推进绿色发展[J].质量与认证，2018—6：33—35.

焦四条发展路径,大力推动高原生物产业快速发展、特色旅游文化产业全域发展、绿色工业规模发展、清洁能源产业壮大发展、现代服务业整体发展、高新数字产业创新发展、边贸物流产业跨越发展,形成绿色环保、特色鲜明、优势突出、可持续发展的高原现代产业体系,加快实现从资源优势向经济优势转化,为决胜全面建成小康社会提供坚实支撑。[①]并将绿色工业规模发展作为西藏自治区七大产业的重要组成部分。围绕"推动绿色工业规模发展"明确指出"发挥西藏自治区作为重要的战略资源储备基地的资源优势,坚持有所为、有所不为,支持比较优势明显、市场前景广阔、符合政策导向的产业做大做强,重点推动天然饮用水产业发展;布局好绿色优势矿业,突出抓好铜、锂等优势矿产品的规模开发;积极发展绿色建材业,推进装配式绿色建材应用,满足建设需要,降低建设成本;支持民族手工业创新发展,促进民族手工业上档次、上水平;发展节能环保产业"。[②]

《西藏自治区国民经济和社会发展第"十四个"五年规划和二〇三五年远景目标纲要》对于西藏绿色工业发展给予高度关注,多层次多角度阐述西藏发展绿色工业的重要性和部署,集中表现在:第一,将绿色工业作为做大做强拉萨核心增长极的重要推手。提出"大力发展文化旅游、净土健康、现代服务业、高新数字经济、绿色工业,提升拉萨经济技术开发区、柳梧新区、文化创意产业园区、空港新区产业集聚效应,带动西藏产业发展提质增效"。第二,将绿色工业作为统筹推进"三区"建设的重要抓手。提出"藏中南重点开发区实现互联互通,促进要素和产业聚集,大力发展特色旅游、现代服务、商贸物流、高原生物、绿色工业,加快完善区域内综合交通网,推动藏中南在改革创新、对外开放、统筹城乡、市场培育等

---

① 王小娟,魏秋彤,钟雪琴,李佳颖.聚力发展"七大产业",构建西藏现代产业体系—学习贯彻中央第七次西藏工作会议精神[J].阿坝师范学院学报,2020—12—30.
② 陈朴.补齐西藏特色优势产业发展短板的研究报告——兼论正确处理好发挥优势与补齐短板的关系[J].西藏发展论坛,2018—13—11.

方面走在西藏前列"。①第三，将绿色工业作为优化产业空间布局的重要领域。提出"根据城镇空间、生态空间、农业空间总体布局，综合资源优势、区位条件和产业发展基础，立足不同区域发展定位，发挥比较优势，因地制宜发展特色产业，推动清洁能源、旅游文化、高原生物、绿色工业、现代服务业、高新数字、边贸物流产业成为经济增长的重要引擎、转型发展的重要动力、人民幸福生活的重要指标、国民经济的重要支柱性产业、高质量发展的亮点和标志，产业增加值年均增长10%以上。着重强化拉萨在西藏经济社会发展的引擎和核心增长极作用，形成竞争优势明显的西藏产业最大聚集区，充分挖掘日喀则、昌都、林芝、山南、那曲、阿里等地资源禀赋，大力发展特色产业，推动区域间产业向差异化、特色化、集群化方向协调发展，形成若干特色产业集群"。第四，将绿色工业作为大力发展绿色经济重要抓手。提出"推进高原生物、旅游文化、清洁能源、绿色工业、现代服务、高新数字、边贸物流等产业高质量发展，发展绿色金融，实行绿色 GDP 核算，培育壮大'地球第三极'绿色产品品牌，推进生态产业化、产业生态化，把绿水青山所蕴含的生态产品价值转化为金山银山，把绿水青山建得更美，把金山银山做得更大。"②

《全面贯彻新时代党的治藏方略，为建设团结富裕文明和谐美丽的社会主义现代化新西藏而努力奋斗》提出"加快发展绿色工业，重点推动绿色矿业、天然饮用水和民族手工业发展，开展战略性矿产资源和羌塘油气资源评估，推进扎布耶现代盐湖等产业开发，加快建筑业、建材业转型升级，绿色建材产品区内市场占有率达到70%以上，天然饮用水产销120万吨以

---

① 西藏自治区国民经济和社会发展第十四个五年规划和二〇三五年远景目标纲要[N].西藏日报（汉），2021—03—28.
② 西藏自治区国民经济和社会发展第十四个五年规划和二〇三五年远景目标纲要[N].西藏日报（汉），2021—03—28.

上,规上工业企业产值年均增长10%以上"。① 当前,西藏正处于政治稳定、经济繁荣、创新活跃、人民幸福的伟大时代,党中央为建设社会主义现代化新西藏擘画了蓝图、明确了目标、提供了指南,把西藏工作的战略地位提升到前所未有的高度,给予前所未有的关心关怀、特殊支持,全国人民无私支援、鼎力相助,中国共产党领导的显著优势、社会主义制度的无比优越性和祖国大家庭的和谐温暖更加彰显,谱写雪域高原长治久安和高质量发展新篇章、建设社会主义现代化新西藏,具有强大的政治优势!面对新时代的重要战略机遇,西藏各级各界一定要谨记领袖重托,胸怀"两个大局",心系"国之大者"。立足于"当今世界正经历百年未有之大变局,新一轮科技革命和产业变革深入发展,国际力量对比深刻调整,和平与发展仍然是时代主题,人类命运共同体理念深入人心,同时国际环境日趋复杂,不稳定性不确定性明显增加"的国际大背景;服务于"我们进入全面建设社会主义现代化新西藏、向第二个百年奋斗目标进军的第一个五年。西藏工作呈现新特征新形势,为谱写雪域高原长治久安和高质量发展新篇章、建设社会主义现代化新西藏提出新任务新要求、带来新机遇、新希望"的特殊要求。自觉将西藏绿色工业发展放到党和国家工作大局中研究思考,放到西藏工作全局中推进落实。

坚持以习近平新时代中国特色社会主义思想为指导,深入贯彻党的十九大和十九届二中、三中、四中、五中、六中全会及中央第七次西藏工作座谈会精神,全面贯彻习近平总书记关于西藏工作的重要论述和新时代党的治藏方略,增强"四个意识"、坚定"四个自信"、做到"两个维护",坚持统筹推进"五位一体"总体布局、协调推进"四个全面"战略布局,坚持稳中求进工作总基调,立足新发展阶段,完整准确全面贯彻新发展理

---

① 王君正. 在中国共产党西藏自治区第十次代表大会上的报告 [EB/OL]. 中国西藏新闻网, 2021—11—27/2021—12—03.http://www.xzxw.com/zhuanti/202112/t20211203_3975312.html.

念，服务融入新发展格局，分类加快推进天然饮用水产业、绿色建材业、绿色优势矿业、民族手工业、节能环保产业加快发展。以西藏绿色工业发展成就，助推"锚定'四件大事'，着力推进'四个创建'、努力做到'四个走在前列'"目标实现。为建设团结富裕文明和谐美丽的社会主义现代化新西藏做出绿色工业发展的应有贡献。[①]

综上所述，可以认定：基于西藏特殊区情和西藏自治区党委发展部署，西藏绿色工业主要包括绿色矿业、天然饮用水、民族手工业、绿色建材业、节能环保产业等具体产业；其中，绿色矿业包括战略性矿产资源、油气资源和盐业等。

二、西藏绿色工业发展的可行性

（一）西藏绿色工业发展的必要性

1. 西藏发展绿色工业是特殊地理环境与生态脆弱性的内在要求。西藏特殊的环境及特殊的地理条件，形成我国西南边疆地区的重要屏障。西藏是我国重要的生态屏障和安全屏障。西藏的气候特征给我国气候系统带来深刻影响。我国西北部地区干旱少雨，东部地区气候湿润格局与特殊的气候特征有着密切关系。西藏能够协调我国和东亚气候系统。因此社会各界都称西藏特殊的气候环境是整个亚洲气候的协调器。正是因为西藏特殊的地理环境以及地貌特征和独具特点的生态系统的脆弱性等因素综合影响，决定各级各界必须加深对西藏生态保护重要性的认识。西藏生态保护不仅关乎西藏气候稳定以及生态平衡，更关乎全国气候稳定以及生态平衡，因此加强西藏生态保护关乎全国各族人民切身利益。实践证明，推进工业经

---

① 王君正. 在中国共产党西藏自治区第十次代表大会上的报告 [EB/OL]. 中国西藏新闻网，2021—11—27/2021—12—03.http://www.xzxw.com/zhuanti/202112/t20211203_3975312.html.

济发展是加强西藏地区生态环境保护的重要手段和重要方面，具有十分重要的意义。因此，必须以更长远的眼光去看待西藏生态环境保护，增加对环境保护重要认知，让绿色工业成为西藏工业发展的主色调。

2.西藏发展绿色工业是经济发展方式转变的内在要求。从当前西藏地区经济发展方式中不难看出，西藏经济发展仍然以粗放型经营为主。盲目追求经济利润依然占据重要位置，生态环境保护在很多领域依然得不到应有的重视，工业资源浪费在某些领域还偶有发生。毫无疑问，粗放型经济发展方式，虽然能够在短期内给西藏经济发展带来巨大支持。但长此以往，粗放型发展方式有可能会导致环境问题日益加重，进而会给经济长远发展带来巨大威胁。受西藏特殊的地理条件限制，西藏各种资源总量丰富但分布不均。西藏经济增长如果完全依赖资源开发，不仅有可能导致资源紧缺，同时也将会造成经济发展内生能力下降。这种粗放经济发展方式势必给西藏生态环境保护造成重大影响。另外西藏总体生产技术水平落后，加上粗放经济增长方式，必然导致投资量和收益额存在较大落差。相对分布不均衡的资源状况和粗放式发展，势必影响经济发展水平提升。

毋庸置疑，伴随西藏经济社会加快发展、人口增加，西藏的总体环境受到一定影响。西藏生态环境非常脆弱，一旦遭到破坏将很难在短期内自主恢复。实践表明，已呈现出的生态系统稳定性降低的风险、资源环境压力增大的潜在问题已经给西藏经济高质量发展带来压力。除此之外，近年来西藏冰川退缩速度明显加快、土地流失问题比过去严重很多、生物在恶劣生态环境下逐渐减少、各种自然灾害频发，都给西藏经济高质量发展带来巨大影响。以西藏冰川资源为例，毫无疑问，青藏高原是我国冰川最集中的区域。不完全统计，西藏冰川储量在5500立方千米左右。近年来随着环境问题加重。西藏冰川消融加快，总体缩减15%左右。统计显示，西藏草原面积在12.5亿亩左右，但已有接近十分之一的草场出现沙化，并且沙化现象越来越严重。由此可见，西藏生态矛盾日益突出。

中央第六次西藏工作座谈会中，习近平总书记强调指出，要坚持地区经济发展合理化的理念，将生态保护纳入到地区经济发展规划中。采取多种方式，对青藏高原环境问题进行治理，并对其现有的自然资源进行合理有效的保护。① 中央第七次西藏工作座谈会中，习近平总书记强调指出，要牢固树立绿水青山就是金山银山的理念，坚持对历史负责、对人民负责、对世界负责的态度，把生态文明建设摆在更加突出的位置，守护好高原的生灵草木、万水千山，把青藏高原打造成为全国乃至国际生态文明高地。② 因此，科学的合理经济发展方式，应将环境保护放在第一位。在能够不破坏生态系统的前提下，大力推动工业经济发展。并在发展过程中对生态环境进行不断维护，这样才能获得持久的稳定发展。未来在西藏的经济发展过程中，必须改变以往的经济发展观念，向科学的高质量发展道路转变，构建出符合西藏资源特点以及环境特点的发展方式。要彻底摒弃以往发展模式，减少对资源开采的依赖，建立起持久性的地区工业发展体系。利用好西藏生态资源、挖掘资源优势，加大西藏产业结构调整力度，寻找节约资源并且不侵害环境的科学发展方式，实现西藏经济社会高质量发展，走绿色工业发展之路。

3. 西藏发展绿色工业是解决资源瓶颈制约的内在要求。西藏地大物博，地区内蕴含多种资源，包括矿物资源、森林资源以及水资源等。统计显示，西藏资源种类占到我国所发现资源的种类的一半。不仅如此，由于巨大的冰川优势，西藏水资源异常丰富。虽然西藏资源的蕴含丰富，

---

① 习近平. 在中央第六次西藏工作座谈会上的讲话 [EB/OL]. 中国西藏新闻网，2015—8—24/2015—8—25.http://www.china.com.cn/lianghui/fangtan/2016—03/01/content_37908757.htm.

② 习近平. 全面贯彻新时代党的治藏方略 建设团结富裕文明和谐美丽的社会主义现代化新西藏 [EB/OL]. 中国西藏新闻网，2020—8—28/2020—8—29.
http://www.tibet.cn/cn/zt2020/xzzth/news/202008/t20200829_6844731.html.

但对西藏资源的有效利用率不高。在所有资源种类看，仅有少部分自然资源被有效开发利用，而且这些被开发利用的资源所带来的经济效益也不高。统计显示，2020年，西藏人均可支配收入14,598元人民币。这和其它省区有很大差别，总体水平不高。显然，丰富的自然资源并没有给西藏带来应有的丰厚的收益，这和对资源不合理的开发利用有直接的很大的关系。另外西藏生态系统十分脆弱，对资源进行开发利用，势必会给资源环境带来很大影响。并且这种影响力能够持续很长一段时间。以长远发展眼光来看，拿生态环境换取经济收益的方式，难以获得长久稳定的经济提升。因此在未来的西藏经济高质量发展中，西藏应将资源环境保护纳入发展规划，在环境保护前提下，寻找出一条符合西藏资源环境特点的高质量的新发展道路。

（二）西藏绿色工业发展的重要性

1.西藏绿色工业发展可以促进经济增长方式转变。实践表明，长期的高投入、高消耗、高污染和低效率粗放式经济增长方式造成西藏部分资源耗减和局部生态环境压力加大。发展绿色工业能够构建良好高原生态系统，促进西藏经济增长方式转变，使其向着集约化、效益化、生态化与可持续化方向迈进，以缓解社会经济发展与资源环境之间矛盾及冲突，推进各项社会事业健康、快速发展。

2.西藏绿色工业发展有助于实现社会经济可持续发展。可持续发展是在社会、经济、生态三者间寻找一个稳定的平衡，它强调在提升经济水平前提实现自然资源的循环利用和生态环境的全面稳定。为提升经济发展水平、促进社会进步而付出的生态环境代价应控制在资源、生态环境及本身承受范围内，切忌只注重扩大生产和发展经济，不顾稳定的社会秩序及良好的生态环境，绿色工业可以保证各种资源不会被过分消耗而衰竭以至于影响经济发展。例如，发展清洁性能源和沼气工程，大规模利用风能、水能和太阳能等这些方法措施对西藏绿色生态资源的可持续发展具有积极作用。①

3. 西藏绿色工业发展有助于转换经济发展模式。绿色工业倡导生态环境保护和资源可持续利用状态下的高质量发展。通过大力发展绿色工业，将有助于转换经济发展模式，改善社会经济发展的技术基础，优化投资环境，壮大区域经济，变"输血型"为"造血型"的经济发展模式，能够带动西藏社会经济的和谐、健康、科学发展。

4. 西藏绿色工业发展可以树立绿色交易理论与实践典范。实践表明，导致全球气候变暖的主要原因是空气中二氧化碳排放量逐渐增大。要解决好这个问题，必须把碳排放空间作为一种极为稀缺资源进行有偿分配，即开展绿色交易。绿色交易强调在国家或地区间应建立一种二氧化碳排放权的分配交易机制，使对二氧化碳的排放量负有代价和成本，并将排放权进行交易，目的是促进节能减排和共同抑制气候变暖。西藏作为负有节能减排义务的一个高海拔地区，可率先探讨和发展绿色工业，为推进绿色交易理论树立典范。

---

① 赵莹.西藏发展绿色经济路径探讨[J].西藏民族大学学报（哲学社会科学版），2017—07—15.

第二章　西藏绿色工业发展的基础与条件

一、西藏绿色工业发展的区位与自然基础

（一）西藏绿色工业发展的区位基础

西藏同国内其他省区市相比，所处地理环境独特。地处"世界屋脊"，区域内平均海拔在四千米以上，约有45%的区域平均海拔超过五千米，西藏是全世界区域平均海拔最高的地区，正因为西藏的平均海拔比较高所以人们习惯性的称之为青藏高原。西藏位于我国西南边陲，处于青藏高原西南部，面积120多万平方公里，是我国总面积的八分之一。西藏东边为云南、四川，北边是新疆、青海，南边和西边分别和缅甸、印度、不丹和尼泊尔相接，国境线长。西藏拥有非常优越的地理位置，成为我国和东南亚地区文化、经济交流的重要区域。

（二）西藏绿色工业发展的自然基础

总体来，西藏主要构成部分为高原、高山和河流峡谷。广阔的藏北高原是西藏的主要牧区，藏南和藏东南河谷及峡谷地带是西藏地区主要的农业区，在藏东的横断山脉和三江流域地区、北高南低、是高山峡谷地区，景色宜人。西藏境内有许多世界闻名的山脉，如喜马拉雅山脉、昆仑山脉、唐古拉山脉。世界闻名的帕米尔高原，位于西藏高原西部。有名的横断山脉位于高原东部。整个西藏被群山环绕，也正因为如此，西藏实际上相对闭塞，历史上，西藏不仅信息不发达不顺畅，而且交通也非常不便。

西藏海拔高，气候恶劣，不仅寒冷，而且干旱，另外高原严重缺氧。在这种恶劣环境下，西藏高原生态系统呈现出敏感性、不稳定性和容易改

变的特性。西藏总体人口密度低,但适宜集居的区域人口密度相对较高。西藏的生态系统一旦遭到破坏,就很难在短期自动恢复,还可能会造成荒漠化。环境调查显示,通常在西藏被破坏的生态环境要完全回复至少需要45年,如果破坏严重则至少需要60年,破坏程度极为严重则可能会永远无法恢复。过去一些阶段,西藏开矿规模较大。但从科学角度说,在西藏开矿并不是经济社会发展的长久之计。作为世界屋脊,西藏生态需要得到非常好的保护。实践表明,依靠开矿获得财富,却付出沉重生态环境破坏代价,这种财富增加从长远看是没有任何价值的,甚至这种破坏生态破坏代价会延伸到全国乃至整个亚洲。

二、西藏绿色工业发展的特色资源基础

西藏绿色工业发展的特殊环境条件和优势资源条件主要包括:特殊的丰富的水资源优势、特殊的优势资源条件。

(一)西藏拥有丰富的优质水资源

西藏素有亚洲水塔之称,这种资源现状决定西藏绿色工业发展具有特殊的丰富的水资源优势。西藏的水资源包括外流区域水资源、内流区域水资源两大部分,河流与湖泊由外流和内流组成。冈底斯—念青唐古拉山脉以南,当雄—安多以东地区,除喜马拉雅山北坡有一些内陆湖泊外,基本上为外流区域,占西藏总面积49.02%。主要河流有金沙江、澜沧江、怒江、雅鲁藏布江。冈底斯—念青唐古拉山脉以北、当雄—安多以西广大地区为内流区域,占西藏总面积的48.76%,是我国湖泊分布最多的地区,面积在1平方千米以上的湖泊有612个,湖泊总面积2.418万平方千米,其中,纳木错是西藏面积最大的湖泊,色林错是西藏流域面积最大的湖泊,玛旁雍措是西藏最大的淡水湖。由于受地质时代高原气候变迁等原因的综合影响,西藏内陆湖泊来水量一般小于湖面蒸发量,大部分湖泊水面呈现逐年变小

趋势，水质咸化，有不少湖泊特别是羌塘中部的很多湖泊，退缩明显，有的已接近干涸。西藏河流形成和演变，受地质构造、地形及气候等要素制约。由于青藏高原经历华力西期、印支期、燕山期以及喜马拉雅山多次大的构造运动，这些构造运动使西藏逐步脱离海浸，由北向南逐渐形成昆仑山、喀喇昆仑山、唐古拉山、冈底斯山、念青唐古拉山和喜马拉雅山脉等重要山脉，并发育出无数条的重要支脉，一起纵横交织在青藏高原上。在这些山脉之间，形成众多河流和湖泊。这些江河湖泊按其归宿划分成四大水系，即太平洋水系、印度洋水系、藏北内流水系和藏南内流水系。其中，太平洋水系和印度洋水系是外流水系，总面积达到 58.88 万平方千米，占西藏总面积的 49.02%；藏北内流水系和藏南内流水系总面积 61.22 万平方千米，占西藏总面积的 50.98%。

（二）西藏拥有丰富的优势矿产资源

西藏绿色工业发展的丰富特殊优势矿产资源主要包括：非金属矿产资源、金属矿产资源等。

1.西藏绿色工业发展丰富优势的非金属矿产资源。西藏非金属矿产资源丰富，主要包括煤炭资源、石油资源及地热资源。其中：第一，煤炭资源。西藏探明煤炭储量达到 4893 万吨，保有储量达到 4789 万吨。西藏煤炭资源特点：首先，成煤期多，有七个阶段。其中，晚三叠世和早石炭世是西藏的主要成煤期。其次，西藏含煤岩系主要分布在藏东和藏北地区，在西藏煤炭探明储量中昌都市占 78.1%，那曲市占 14.8%，日喀则市占 5.4%，拉萨市占 1.7%。再次，西藏的煤种以贫煤和无烟煤为主，多属高灰分、高硫低磷煤和中发热低质煤。原煤可作为动力和民用煤，少部分可作为炼焦用煤。最后，西藏煤矿盖层厚、储量少、规模小、煤层薄，工业价值和商业开发价值相对有限。第二，石油资源。西藏已发现油气资源主要位于藏北伦坡拉盆地，为陆相第三系含油盆地，面积达到 4000 平方千米，有局部构造点 31 个，地表油气资源点 86 处，井下油气资源点 47 处。伦坡拉盆地原油成熟度低，比重大，黏度、含蜡量、含硫量高。藏北中新生代含油气盆地分属罗系和第三系，初步查明石油地质储量9000万吨，藏北羌塘盆地具有很好的油气蕴藏远景。第三，地热资源。西藏处于全球的重要地热带上，有各种水热活动显示点1000处，资源储量居全国之首，中国社会科学院科考估算发电潜力80余万千瓦，对已进行过初步调查的350处地热显示点的统计显示，西藏热泉水总流量达到20吨/秒，以天然热流量法折算，热能总量达到66万千卡/秒，折合标准煤达到300万吨/年。西藏地热活动有三个特点：一是分布广，西藏全境几乎每个县都有水热活动点。分布集中区域包括：藏南谷地、藏东"三江"地区和阿里南部。二是水热显示点大致呈带状展布，同近代和现代岩浆活动关系密切，受活动构造控制。显示点类型包括水热爆炸、间歇喷泉、沸水、热泉、温泉、冒气。在地域分布上，从北到南西藏的水热显示点由单一到复杂，由弱至强，呈现出南弱北强，有自北向南迁移的态势。三是温度高，西藏的水热显示点普遍放热强度大，矿化度复杂。

2. 西藏绿色工业发展的金属矿产资源基础雄厚。西藏金属矿产资源基础雄厚，主要包括：铬铁矿资源、铜矿资源、铜矿资源、盐类矿产资源、硼矿资源、锑矿资源及其他矿产资源等。第一，铬铁矿资源。我国铬铁矿储量的80%集中在西藏。西藏藏南矿带是我国主要铬铁矿生产基地。西藏超基性岩分布广泛、规范模巨大，有南北两条巨型超基性岩带，南部雅鲁藏布江超基性岩带东西向延伸1600千米，这一带上的罗布莎—香卡山铬铁矿，规模达到大型水平，是我国最大铬铁矿区。北部班公错—怒江超基性岩带长1800千米，主要代表性矿床有东巧铬铁矿区和依拉山铭铁矿区。主要特征是：首先，分布广、储量集中。铬铁矿资源丰富，属西藏的优势矿种之一。铬铁矿产于超基性岩。西藏超基性岩分布广，已发现的100余处超基性岩体，总面积达到6000平方千米以上，占全国超基性岩总面积的2/3以上，成矿远景良好。现已发现的罗布莎大型矿床和东巧、依拉山、切里湖、江措、丁青等小型矿床都在这一区域。其次，矿石品位高、质量优。矿石类型以致密块状为主，主要矿物成分为铬尖晶石，富矿占60%左右，铬铁比大于4，含二氧化硅4.3%，含氧化镁17.5%，含氧化钙0.4%，硫和磷等有害组分含量很低，矿石大部分属优质冶金级富矿石。最后，开采条件良好。主矿体规模大，埋藏较浅，水文地质条件简单，部分矿体适于露天开采。如1985年已经闭坑的东巧东风矿，回采率超过75%，开发效益良好。

第二，铜矿资源。西藏铜矿以斑岩型为主，次之为卡岩型，主要分布在西藏东部的玉龙成矿带上和西藏中南部的冈底斯成矿带，班怒成矿带也具有极好的成矿远景。西藏铜矿其特征是：首先，以斑岩型铜矿为主，分布集中，品位较贫，储量规模大。西藏已知的铜矿床集中分布在东部的玉龙斑岩铜矿带上，是阿尔卑斯—喜马拉雅斑岩铜矿带的重要组成部分。玉龙矿带长300千米，宽10余千米，发现大型矿床2处，中型矿床2处，小型矿床1处，构成玉龙—马拉松多矿田。其次，矿石中含有多种伴生矿，可综合回收，矿床经济价值高。矿床均以铜矿为主，但多数矿床含伴生矿，如金、银、钨、铼、钼、钴金属量达到大型矿床的规模，铁、硫、铅、锌、铢、铂族金属可综合开发利用。最后，矿床地质、水文地质条件简单，主矿体埋藏浅，宜于露天开采。玉龙矿床属超大型矿床，矿体基本裸露地表，地质构造和水文地质条件简单。矿区离川藏公路9千米，交通方便。

第三，盐类矿产资源。西藏盐湖数量多，资源十分丰富。西藏湖泊众多，其中盐湖多达600个，主要分布在西藏西北地区，总面积达到3万平方千米。在已调查的250多个盐湖中，发现硼、锂、钾、盐、碱、芒硝、镁盐等10余种矿产，固体矿和卤水矿都具有品位高、储量大、易开采的特点。典型的矿床有扎布耶茶卡硼矿、郭佳林错硼矿等。矿石含硼品位富，卤水矿远景可观。固体硼矿中的硼晶主要为钠硼解石和棚砂，含三氧化二硼多在20%以上，构成富矿体；卤水中元素种类多，含氯化锂1800—1600毫克/升，钾含量达到工业指标或综合利用指标。

第四，硼矿资源。硼矿是西藏的优势矿产，已探明的固体硼矿氧化硼储量163万吨，保有储量140万吨。西藏具备良好的产硼条件，有一批具有一定储量规模的矿产后备基地，采硼业发展迅速。1991年，有硼矿山3座，年采硼矿石1.83万吨。西藏硼矿具备良好的露天开采条件，与硼共生的矿产多，固体矿、液体矿潜在经济价值大。

第五，锑矿资源。西藏的锑矿主要分布在藏南和藏北两个锑矿带和西藏东部的类成矿带，属阿尔卑斯—喜马拉雅成矿带的组成部分。藏北成矿带长500千米。现已探明大型锑矿1处，中型锑矿3处，另外12处达小型以上的矿规模。矿石类型为致密块状和浸染状，品位高。西藏锑矿矿石质量在全国名列前茅。代表性矿床为美多锑矿，其成因类为火山—火山热液型。藏南锑矿带长600千米，初步勘查明大型锑矿矿床1处，中型矿床5处，小型矿床6处。主要矿床有沙拉岗、车穷卓布等。[①]

第六，其他矿产资源。首先，金矿。西藏金矿以砂金矿为主，是西藏优势矿种，分布在西藏藏北、藏西地区，已探明大型砂金矿2处，中型砂金矿7处，小型砂金矿20余处，矿床类型主要为冲洪积—河漫滩型砂金矿，典型矿床有马攸木及崩纳藏布砂金矿，其矿体规模大、矿石品位高，易选冶。其次，宝玉石。西藏现已发现20余个品种，80余处矿床，在西藏均有分布，主要品种有象牙玉、仁布玉、果日阿玉。另外，西藏是寻找硬玉等国家急缺宝玉石品种地区之一。再次，水晶。西藏水晶分布较广，集中在藏南和藏北地区，品种有无色水晶、紫晶、墨晶，代表性矿床有银错紫水晶矿、卓泥墨晶矿床。最后，西藏还有菱镁矿、白云岩、硫、碑、岩盐、重晶石、蛇纹石、石墨、石膏石灰岩、大理岩、花岗岩、高岭土、瓷土、石英砂、火山灰、刚玉、云母，其中菱镁矿、花岗岩、火山岩、蛇纹石、石墨、刚玉、资源丰富，区内分布较广，在全国名列前茅，规模巨大，矿石质量较佳，

---

① 张影.西藏矿产资源概况[J].西藏科技，2005—06—25.

典型矿床有巴夏镁矿、羊达花岗岩、娘归刚玉矿床、叶农港云母矿、青谷石墨矿、东嘎山石灰石矿、羊八井高岭土矿、察雅石膏矿、俄洛桥雌黄矿、油扎盐矿等。[①]

三、西藏绿色工业发展的经济社会条件

（一）西藏绿色工业发展的经济条件

1. 西藏经济总量稳定增长。一般来说，衡量某国或某地经济增长和经济总量增加的指标主要包括国内生产总值、人均国内生产总值、社会总产值、国民收入、工农业总产值等。2019年，西藏国内生产总值1,698亿元，比1995年增长近35倍，比2010年增长2.9倍。图2—1可以看出，1995年至2019年将西藏经济快速增长，经济总量稳步持续扩张，人均经济产值大幅度提高，地区经济实力显著增强。农业基础地位巩固，人均工业生产总值增长明显，工业产业发展较快。人均农业产值由1995年的2,011元提高到2019年的9,961元；人均工业产值由1995年的7,295元提高到2019年的26,873元。

2. 西藏产业结构日趋合理。研究表明，虽然西藏的总体消费水平较低，购买能力相对有限，但这并不代表西藏的人均消费水平低，与东部发达地区日趋饱和的市场环境相比，欠发达地区市场前景广阔，需求潜力大。西藏产业结构已从单一的农牧经济形态转入初步工业化阶段，产业结构日趋合理。1978年至今，西藏产业结构调整步伐快，第一产业产值比重稳步下降，第三产业已逐步掘起。1995年区域产业格局为一三二类型，2005年以来区域产业格局已转变为三二一类型。但如果长期不改变工业化水平低局面，不加快新型工业化发展，将严重制约第一产业和第三产业发展，最终影响

[①] 张影. 西藏矿产资源概况[J]. 西藏科技，2005—06—25.

整个国民经济高质量发展。①

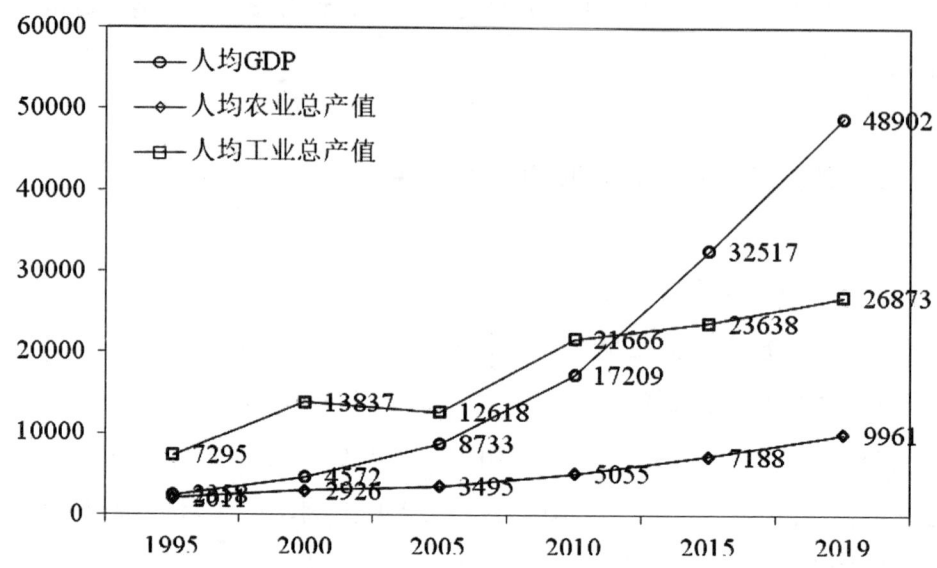

图 2—1 1995—2019 年西藏人均主要经济指标（单位：元／人）

数据来源：历年西藏统计年鉴整理所得。

3.西藏外向经济发展滞后。研究表明，西藏的外向经济发展与其他经济发达省份相比存在较明显差距：一是单向开放使得西藏外向经济大多局限于对区外开放，而未能充分利用区外广阔市场，不断扩大西藏特色产品销售，发展壮大西藏特色产业，也未能积极深入参与到内地更多的投资经营领域。二是单方位开放使外向经济出现较单一的商品市场和劳务市场开放状况，资本、技术、科技、教育、文化等领域市场化程度很低，区外来藏企业投资经营方式不能实现灵活多样化。三是边境贸易范围已由以往通过边民互市进行的农副土特产品为主格局的模式逐步发展到包括机电产品、日用百货、轻纺产品、食品饮料在内的多品种商品贸易，但交易量小；

---

① 扎西.论西藏经济环境特殊性与全面建设小康社会的联系[J].西藏大学学报（汉文版），2005—06—30.

虽然买卖交易方式已发展为以贸易集市、商场、通讯、仓储、食宿、住处服务为一体的综合性边境贸易，但市场基本建设不完善。

4.西藏经济对外依赖性高。由于西藏地域辽阔，地势高峻，气候严寒，生态环境脆弱，市场相对封闭，传统产业发展自然制约突出。现代科技和产业发展缓慢。70年来，中央政府通过加大财政支持和基本建设投资持续不断地帮助西藏加快发展，全国其他兄弟省市无私援助稳步增加，西藏干部和专业人才队伍不断壮大，初步建立现代教育、医疗、电力和工业体系，经济社会发生全新变化。然而，西藏并不能"坐等中央和兄弟省市区送来一个现代化"，单纯"输血"不能从根本上解决经济落后居民，必须增强"造血"功能，提高自我发展能力。

（二）西藏绿色工业发展的社会条件

西藏决胜全面建成小康社会取得决定性成就全力支持西藏绿色工业发展。习近平总书记在中央第七次西藏工作座谈会上的重要讲话中强调指出，第六次西藏工作座谈会以来，在党中央的坚强领导下，在全国人民的大力支持下，西藏各族干部群众团结一心、艰苦奋斗，主动作为、勇于创新，以功成不必在我、功成必定有我的精神境界，立足达赖去世转世布好局、着眼长治久安打基础、聚焦脱贫攻坚奔小康、瞄准改善民生聚人心、围绕美丽西藏建屏障、紧扣兴边富民强边防，突出基层组织筑堡垒，创造性提出一系列标本兼治的新思路、新举措，解决了许多长期想解决而没有解决的难题，办成了许多过去想办而没有办成的大事，各项事业取得全方位进步和历史性成就。实践充分证明，党中央关于西藏工作的方针政策是完全正确的，西藏实现持续稳定和快速发展是对党和国家工作大局的重要贡献。[1]

---

① 习近平.全面贯彻新时代党的治藏方略 建设团结富裕文明和谐美丽的社会主义现代化新西藏[EB/OL].中国西藏新闻网，2020—8—28/2020—8—29.
http://www.tibet.cn/cn/zt2020/xzzth/news/202008/t20200829_6844731.html.

1. 社会大局持续稳定向好。中央第六次西藏工作座谈会以来，西藏无重大政治性、群体性事件和暴力恐怖案件，群众安全感增强。深入揭批达赖集团反动本质，坚决打击破坏渗透活动，牢牢掌握反分裂斗争全局性主动。依法管理宗教事务能力不断加强，旗帜鲜明消除十四世达赖利用宗教所产生的负面影响，初步形成寺庙管理长效机制。深入开展扫黑除恶专项斗争，不断完善维护社会稳定长效机制，深化平安西藏建设，积极化解矛盾纠纷，西藏社会大局持续和谐稳定，各族人们群众"我要稳定"的意识明显增强，群众安全感满意度全面提高。

2. 人民生活水平全面提高。2019年西藏城镇和农村居民人均可支配收入分别达到37,410元、12,951元，义务教育巩固率达到93.9%、高中阶段毛入学率82.3%、高等教育毛入学率39.2%，群众对子女教育实现从"有学上"到"上好学"的转变。每千人医疗卫生机构床位数4.87张，人均预期寿命提升到70.6岁。第一，脱贫攻坚取得决定性成就。西藏74个贫困县区全部摘帽，62.8万贫困人口全部脱贫，历史性消除绝对贫困，在国家脱贫攻坚成效考核中西藏连续四年被评为"综合评价好"，各族干部群众把脱贫攻坚和百万农奴翻身解放并列起来，充分说明西藏脱贫攻坚的重大意义和深远影响。农牧区面貌和群众思想观念、生产生活方式等都发生根本转变，主动参与专业合作社、发展特色产业、兴办家庭旅馆、外出务工越来越多，老百姓腰包越来越鼓。农牧民群众生产生活实现从水桶到水管、从油灯到电灯、从土路到油路、从毡房到洋房的进步，电冰箱、电视机、洗衣机、小轿车、翻斗车、挖掘机进入寻常百姓家，玩微信、刷抖音成为热门时尚。第二，经济持续健康发展。统计显示，2019年，西藏地区生产总值增加到1,697.82亿元，年均增长10.1%；人均地区生产总值提高到48,902元，年均增长8.3%；全社会固定资产投资增加到1,334亿元，年均增长11.9%；一般公共预算收入增加到222亿元，年均增长14.4%。2019年西藏实现地区生产总值与2015年的1,026.39

亿元相比年均增长13.41%。分产业看，2019年西藏第一产业实现增加值138.19亿元，较2018年增长4.6%；第二产业实现增加值635.62亿元，较2018年增长7.0%；第三产业实现增加值924.01亿元，较2018年增长9.2%。

3. **基础设施建设全面加快。**西藏基础设施建设日新月异，公路、铁路、航空搭建起四通八达幸福路，2019年，西藏公路通车总里程达到10万公里，74个县区实现油路全覆盖，基本建成覆盖全西藏的公路网。拉日铁路通车，拉林铁路建成，川藏铁路加速推进。西藏有机场5个，执飞航空公司11家，航线120条，通航城市60个。以水电为主，地热、风能、太阳能多能互补的新型能源体系初步建成，青藏、川藏、藏中、阿里4条"电力天路"点亮千家万户。光缆、卫星、网络为主的现代通信网络体系覆盖全西藏。

4. **生态安全屏障日益坚实。**坚持生态保护第一原则，实行最严格生态保护政策，推进珠峰垃圾污染整治，配合开展青藏高原科考，消除无树户10.47万户，森林覆盖率12.14%，青藏高原成为世界上生态环境最好的地区之一，国家生态安全屏障不断筑牢。2019年，西藏地级以上城市空气质量优良天数比率99%以上，西藏45%的区域列入最严格保护范围，生物多样性得到有效保护。五是边境地区建设加快推进。坚持屯兵和安民并举、固边和兴边并重，人民生活和边防实力得到同步提升，边境建设加快推进，固边兴边取得实效。六是党的建设不断推进。坚持用习近平新时代中国特色社会主义思想武装广大党员干部头脑，各级党组织和党员干部坚决维护总书记和党中央一锤定音、定于一尊的权威，总书记的崇高威望、领袖地位深深扎根在各族党员干部群众心中，大家都像拥戴信赖忠诚捍卫毛主席一样拥戴信赖忠诚捍卫习主席；党的建设不断推进，领导班子和干部队伍建设全面加强，党内政治生态全面净化，基层党组织得到加强，党的执政基础不断夯实。2019年底，西藏党的基层组织2.2万个，党员人数39.8万名，村居"两委"班子成员中党员比例达到100%。西藏广大党员干部敬终如始、坚守信念，苦干不苦熬、实干加巧干，带着群众干、做给群众看，以实际行动诠释"老西藏精神""两路精神""孔繁森精神"。

四、西藏绿色工业发展的政策条件

中央在首次提出绿色发展新型工业化战略以来，就一直高度重视绿色工业发展，制定一系列政策措施支持绿色工业发展。西藏结合自身实际，将以绿色发展为主要标志的新型工业化战略作为经济社会发展重要指导思想，加快推进西藏绿色工业化发展战略。

（一）中央促进绿色工业发展的政策

党的十六大提出新型工业化发展目标后，《中华人民共和国国民经济和社会发展第十一个五年规划纲要》对新型工业化提出具体要求。比如提出"十一五"期间单位国内生产总值能耗降低20%左右，主要污染物排放总量减少10%。此外国家制定一系列专项发展规划促进绿色工业加快发展，如产业发展规划、循环经济发展规划和节能、节水、资源综合利用规划，通过具体规划和政策措施把新型工业化道路落到实处。2010年1月，中央围绕西藏经济社会发展召开中央第五次西藏工作座谈会，会上明确提出，西藏要大力推进经济建设，从西藏资源条件、产业基础和国家战略实际需要出发，统筹规划，科学布局，着重培育具有地方特色和比较优势的战略支撑产业，稳步提升农牧业发展水平，发展特色产业，加强基础设施建设和能源资源开发，深化改革开放，增强自我发展能力。2012年2月，国务院针对西部发展现状制定《西部大开发"十二五"规划》，为推进绿色新型工业化发展，促进产业集聚布局，人口集中居住，土地集约利用，辐射和带动周边地区发展，选定西藏藏的中南地区为重点经济区，主要发展方向确定为全国重要的农林产品加工、藏药产业、旅游、文化和矿产资源基地，水电后备基地。①

（二）中央历次西藏工作座谈会精神

1.第一次中央西藏工作座谈会。1980年3月14日至15日，中共中央总书记胡耀邦在北京主持召开西藏工作座谈会。西藏自治区党委向中央书记处汇报工作。中央书记处和中央统战部等有关部门领导参加会议。与会人员根据十一届三中全会精神，座谈讨论西藏工作，明确西藏面临的任务及需要解决的方针政策等，形成《西藏工作座谈会纪要》。这次会议坚持实事求是的思想路线，一切从西藏实际出发，从指导思想上拨乱反正，确定西藏一个时期工作任务和方针政策。这是继西藏和平解放、民主改革之后，实现西藏历史转折的一次重要会议。1980年4月，中共中央批转《西藏工作座谈会纪要》，中央特别强调从西藏实际情况出发制定方针政策，对中央和中央各部门制定的方针、政策、制度，发往全国的文件、指示规定，凡是不适合西藏实际情况的，西藏党政领导机关可以不执行或变通执行。但重要的问题要事先请示，一般的问题要事后报告。中央指示西藏自治区党委，认真总结过去工作，发扬成绩，克服缺点，纠正错误。重新审订西藏经济建设规划，在发展农牧业生产、对外贸易、经济管理体制、自留地、自留畜、家庭副业等一系列政策问题上，纠正各种错误，让群众休养生息、发展生产、改善生活。在落实党的农牧业、财贸、文教、民族、宗教、统战等各项政策上，经过认真调查研究，制定出具体实施方案，抓紧解决迫切需要解决问题，力争在短期内取得比较显著成效。中央第一次提出建设团结、富裕、文明的社会主义新西藏战略奋斗目标，调动广大干部群众积极性，有力促进西藏经济恢复发展，有效改善群众生活水平。会议针对西藏特殊情况确定对西藏实行特殊政策，让农牧民休养生息、发展生产，尽

---

① 汪德军.改革开放以来的中央历次西藏工作座谈会主要特点和重大影响[N].西藏日报（汉），2018—12—10.

快富裕起来。①第一次中央西藏工作座谈会确定的发展重点是：农业、牧业，发展工业、交通运输业、商业、民族贸易和对外贸易，文教科卫共同发展。第一次西藏工作会议后，中央根据西藏实际情况和国家经济情况，加大援助西藏，并相应制订对西藏的各种优惠政策。中央援助和特殊政策，使西藏出现一批前所未有的现代工业和交通设施，为现代化建设奠定良好基础。

2. 第二次中央西藏工作座谈会。1984年3月，中央召开第二次西藏工作座谈会，会议由胡耀邦同志主持，参加会议的有中央和中央有关部门负责人，以及西藏党政军负责人和地市委负责人共70余人。这次会议召开标志着全国性援藏工程开始。这次会议总结1980年以来的西藏工作，从西藏实际出发，研究进一步放宽经济政策让西藏人民尽快富裕起来的问题。会议制定一系列符合西藏实际的经济政策和改革开放政策，为庆祝西藏自治区成立20周年，中央决定由北京、上海、天津、江苏、浙江、福建、山东、四川、广东等省市和水电部、农牧渔业部、国家建材局等有关部门，按照西藏提出要求，分两批帮助建设43项西藏迫切需要的中小型工程项目，工程建设涉及10个行业，总投资4.8亿元，总建筑面积23.6万平方米。43项工程基本能满足80年代西藏社会经济发展需要，特别是旅游业发展需要，被人们誉为高原上的"43颗明珠"。以社会公益为主的43项重点工程，极大改善了西藏群众文化场所条件和旅游接待能力。会议形成的1984年的《西藏工作座谈会纪要》，提出西藏工作在今后相当长时期内的主要任务是大力开发能源，发展交通运输业；放宽政策，促进农牧林业和民族手工业发展。②

综上所述，1980年和1984年中央两次召开西藏工作座谈会，表明中

---

① 汪德军.改革开放以来的中央历次西藏工作座谈会主要特点和重大影响[N].西藏日报（汉），2018—12—10.

② 汪德军.改革开放以来的中央历次西藏工作座谈会主要特点和重大影响[N].西藏日报（汉），2018—12—10.

央对西藏的亲切关怀，热切期望西藏紧紧围绕发展和稳定两件大事。贯穿于两次西藏工作座谈会的共同内容是：在新的历史时期，西藏一切工作，出发点和落脚点就是要下大力气加快社会主义现代化建设的步伐，使西藏人民尽快富裕起来；西藏的社会历史、自然环境和物质条件特殊，一切工作必须从西藏实际情况出发；中央组织国家各部委和兄弟省、市，在人、财、物上给予西藏以大力支援等。

3. 第三次中央西藏工作座谈会。1994年7月20日至23日，党中央召开第三次西藏工作座谈会。与前两次座谈会不同，这次会议将稳定问题作为会议的重要内容。会议指出："西藏的稳定，西藏各项事业健康发展和人民生活水平不断提高要以稳定作为前提。失去稳定，一切都无从谈起。"西藏的稳定也事关全国的改革、发展与稳定大局。① 而如何做好反分裂工作，本次会议给出的答案是"把立足点放在加快西藏经济发展、增强我国国力的基础上"。总的态度是坚决禁止西藏从祖国分裂出去，也必须保证西藏不能长期落后。此外，这次会议还明确提出"中央关心西藏，全国支援西藏"的援藏方针。7月23日，中央决定为西藏安排62个项目，总投资达23.8亿元。第三次西藏工作座谈会取得丰硕成果。在这次会议上，西藏稳定与发展成为西藏工作两件大事。其指导方针可概括为"一个中心，两件大事，三个确保"。稳定问题被重点关注，会后党中央明确指出做好西藏工作"前提是稳定，根本在于发展，两者互为条件，互相促进"。这次会议对于发展，目标更明确，举措更实际。提出到2000年西藏GNP要比1993年翻一番，年平均增长10%左右。中央确定的援藏方针、援藏原则与援藏方式均有力地助推西藏经济发展。② 第三次西藏工作座谈会推动西藏经济发展和局势稳

---

① 汪德军. 改革开放以来的中央历次西藏工作座谈会主要特点和重大影响 [N]. 西藏日报（汉），2018—12—10.
② 汪德军. 改革开放以来的中央历次西藏工作座谈会主要特点和重大影响 [N]. 西藏日报（汉），2018—12—10.

定，在西藏发展史上具有承前启后的历史地位。

4. 第四次中央西藏工作座谈会。第四次西藏工作座谈会于 2001 年 6 月 25 日至 27 日在北京召开，这是党中央、国务院在新世纪之初召开的一次会议，当时恰逢西藏和平解放五十周年，因此第四次西藏工作座谈会具有代表性。在具体举措上，第四次西藏工作座谈会提出要继续解决两大问题，一是加快发展问题，二是促进稳定问题。具体而言，就是要"第一，在推进经济社会发展前提下，努力实现西藏跨越式发展"。这样的提法不仅遵循经济发展一般规律，也为西藏发展提出更高要求。要实现跨越式发展中央方面必须继续加大对西藏的扶持力度，切实贯彻全国支援西藏的战略决策。"第二，坚定不移地维护祖国统一，对任何分裂祖国的活动坚决依法打击，毫不姑息"。在配合反对分裂，维护社会稳定的大局中，还要继续加强社会主义精神文明建设，从而对思想文化阵地进行巩固。发挥统一战线在维护祖国统一、反对民族分裂的积极作用。加强党对宗教工作的领导。此外积极做好涉藏对外工作。"第三，坚定不移地贯彻'三个代表'重要思想，全面加强党的建设"。总的来说第四次西藏工作座谈会是对第三次座谈会的继承和发展。其指导思想基本没有发生大的变化，具体举措也是在继承的基础上，根据形势变化而完善发展。而发展和稳定这两件大事是这次西藏工作座谈会的重点，其他一切举措均是为发展和稳定服务的。在发展问题上，提出跨越式发展，符合西藏发展实际，也为西藏今后更好发展定下目标。①

5. 第五次中央西藏工作座谈会。2010 年 1 月 18 日至 20 日中国共产党召开第五次西藏工作座谈会。此时，西藏进入跨越式发展的关键阶段。这次会议对当前西藏工作面临形势和任务进行分析，深刻阐述做好西藏工作

---

① 汪德军. 改革开放以来的中央历次西藏工作座谈会主要特点和重大影响 [N]. 西藏日报（汉），2018—12—10.

的指导思想和任务要求。会议提出西藏工作指导思想："高举中国特色社会主义伟大旗帜，以邓小平理论和'三个代表'重要思想为指导，深入贯彻落实科学发展观，坚持中国共产党领导，坚持社会主义制度，坚持民族区域自治制度，坚持走有中国特色、西藏特点的发展路子，以经济建设为中心，以民族团结为保障，紧紧抓住发展和稳定两件大事，确保经济社会跨越式发展，确保各族人民物质文化生活水平不断提高，确保国家安全和西藏长治久安，确保生态环境良好，努力建设团结、民主、富裕、文明、和谐的社会主义新西藏。"会议将改善民生作为西藏工作的出发点和落脚点。保障民生，改善群众生产生活条件就需要继续实施"富民兴藏"战略。由于西藏大多数人口为农牧民，因此，要实现"富民兴藏"，必须让广大农牧民富裕起来。会议第一次将推进西藏跨越式发展写入指导思想，表明党中央对西藏的发展期望更大。为此，必须注重以下工作。"第一，大力推进经济建设，实现更好更快更大发展。第二，大力加强社会建设，提升公共服务和社会管理水平。第三，大力保障民生，改善群众生产生活条件。第四，大力推进生态文明建设，增强可持续发展能力。第五，加大支援西藏工作力度"。第五次西藏工作座谈会着重强调要推进西藏经济跨越式发展。且本次会议更加注重详细目标的设定尤其是明确实现目标的具体举措。从设定的2015年西藏发展目标再到2020年西藏发展目标，表明西藏发展不是徘徊不前的，也不是维持现状的，而是向更高层次和更高质量发展目标迈进。这表明中国共产党发展西藏的决心，也表明中央治藏方略的与时俱进。[1]

6. 第六次中央西藏工作座谈会。2015年8月24日至25日，中共中央在北京召开第六次西藏工作座谈会，这次会议是以习近平同志为核心的党

---

[1] 汪德军.以解放思想、实事求是、与时俱进的改革开放精神推进西藏发展进步——论改革开放以来中央历次西藏工作座谈会的基本特点和重要影响[N].西藏日报（汉），2019—01—05.

中央，统筹国际国内两个大局、统筹国内国外两个市场，着眼于实现中华民族伟大复兴的中国梦，着眼于推进国家治理体系和治理能力现代化，着眼于西藏发展稳定面临的新形势、新挑战、新需要，召开的一次具有里程碑性质、划时代意义的重要会议。这次会议是在我国全面建成小康社会进入决定性攻坚阶段，西藏经济长足发展、社会事业全面进步、群众生活明显提高、社会大局持续稳定，西藏各族群众喜迎西藏自治区成立50周年之际召开的一次重要会议。中央第六次西藏工作座谈会明确回答在决定性阶段西藏如何推进经济长足发展和社会长治久安等一系列重大问题和所要采取政策措施，具有切实的可操作性。习近平总书记发表重要讲话，深刻阐述新的历史条件下西藏工作的一系列重大理论和现实问题，谱写了治边稳藏新篇章，具有鲜明时代性、政治方向性、根本指导性、切实针对性，是指导当前和今后一个时期西藏工作的纲领性文献，为推动西藏经济长足发展和社会长治久安指明发展方向、提供根本遵循和强大动力支持。中央第六次西藏工作座谈会强调指出，西藏工作必须坚持"治国必治边、治边先稳藏"战略思想，这一战略思想集中体现以习近平同志为核心党中央的高超的政治智慧和恢弘的战略思维，是对马克思主义国家学说和边境理论的丰富发展，创新了党在西藏工作的指导方针，提升了西藏在党和国家工作全局中的战略地位，明确了西藏工作定位方向，为扎实做好西藏各项工作提供强大思想武器。

第六次中央西藏工作座谈会专门制定推进经济长足发展和社会长治久安的意见，其中政策措施有7个方面32条；涉及到指导思想/基本原则/目标任务的有4条；推进跨越式发展的有8条；保障改善民生的有5条；推进长治久安的有10条；夯实党在西藏执政基础的有5条。①

---

① 汪德军.以解放思想、实事求是、与时俱进的改革开放精神推进西藏发展进步——论改革开放以来中央历次西藏工作座谈会的基本特点和重要影响[N].西藏日报（汉），2019—01—05.

这些政策措施具有以下特点：一是完全符合西藏实际，是为西藏量身定制的。比如西藏全面小康社会的指标、经济社会发展的基本思路等；二是坚持问题导向，具有极强的针对性。这是做好西藏工作的着眼点和着力点、出发点和落脚点等等；三是既有继承完善又有创新发展，很多是首创。比如西藏工作的指导思想、党的治藏方略等既有继承性又有完善性、又有创新性。再比如西藏干部与其它省市干部的双向交流，都是实实在在的改革创新发展；四是科学全面，系统解决西藏发展稳定面临的重大问题。毫无疑问，中央为西藏制定的众多特殊优惠政策，涉及到政治、经济、文化、社会生活的各个方面，既具有整体推进又具有重点突破性；五是含金量高，支持力度大。比如西藏银行在条件成熟时可在援藏省市设分支机构，在拓宽在西藏的融资渠道上，含金量不言而喻。这些政策措施，充分体现以习近平同志为核心的党中央对西藏工作的特殊关怀、特殊支持，西藏各族干部群众要永远铭记、感恩于心，化为扎实做好各项工作动力。

7.第七次中央西藏工作座谈会。2020年8月28日至29日，中央第七次西藏工作座谈会在北京召开，习近平总书记出席会议并发表重要讲话，充分体现总书记和党中央对西藏工作的高度重视和西藏各族干部群众的特殊关爱。会议充分肯定了中央第六次西藏工作座谈会以来的成绩，深刻分析了西藏工作面临的新形势，系统阐述了新时代党的治藏方略，明确了做好西藏工作的指导思想、总体要求和重点任务。习近平总书记指出，深化对西藏工作的规律性认识，总结党领导人民治藏稳藏兴藏的成功经验，形成了新时代党的治藏方略。与此同时，面对新形势新任务，党中央确定新时代西藏工作的指导思想是：坚持以习近平新时代中国特色社会主义思想为指导，全面贯彻习近平总书记关于西藏工作的重要论述和新时代党的治藏方略，增强"四个意识"、坚定"四个自信"、做到"两个维护"，坚持统筹推进"五位一体"总体布局、协调推进"四个全面"战略布局，坚持稳中求进工作总基调，深化反分裂斗争，铸牢中华民族共同体意识，推进藏传佛教中国化，提升发展质量，保障和改善民生，推进生态文明建设，加强边境地区建设，加强党的组织和政权建设，抓好稳定、发展、生态、强边四件大事，确保国家安全和长治久安，确保人民生活水平不断提高，确保生态环境良好，确保边防巩固和边境安全，努力建设团结富裕文明和谐美丽的社会主义现代化新西藏。针对高质量发展，习近平总书记强调，西藏所有发展都要赋予民族团结进步的意义，都要赋予维护统一、反对分裂的意义，都要赋予改善民生、凝聚人心的意义，都要有利于提升各族群众获得感、幸福感、安全感。要贯彻新发展理念，立足维护祖国统一、加强民族团结这个着眼点和着力点，把握好改善民生、凝聚人心这个出发点和落脚点，聚焦发展不平衡不充分问题，以优化发展格局为切入点，以要素和基础设施建设为支撑，以制度机制为保障，统筹谋划、分类施策、精准发力，加快推进高质量发展。①

（三）中央支持西藏绿色工业发展的优惠政策

和平解放尤其是改革开放以来，伴随历次中央西藏工作座谈会召开，中央为推动西藏地方经济发展，采取包括民族区域自治政策，财政、税收、金融、外贸、国土、工商行政管理、对口支援、自然资源开发和利用、项目优先审批、生态补偿等诸多民族地区优惠产业政策，以及直接投资政策，积极促进和扶持西藏经济发展，为西藏绿色工业化奠定了基础，创造了条件。

财税扶持政策方面，1952年至1958年，西藏财政属中央供给型财政，中央财政补贴是西藏财政支出的103.72%。1959年西藏进行民主改革，中央人民政府对西藏财政支持也由纯供给型向建设型财政转变。1980年至1986年，中央对西藏实行"划分收支分级包干"、轻税和对西藏财政补助

---

① 王君正. 坚持以习近平新时代中国特色社会主义思想为指导 全面贯彻新时代党的治藏方略 为建设团结富裕文明和谐美丽的社会主义现代化新西藏而努力奋斗[J]. 新西藏（汉文版），2021—12—05.

逐年递增的制度，以 1979 年决算支出为基数，实行每年递增 10% 办法；1987 年，中央重新调整对少数民族地区财政支持措施。取消财政补贴每年递增 10% 政策，改为定额补助；90 年代以后，中央对西藏财政支持实行"核定基数、定额递增、专项扶持"优惠政策；税收则实行"税制一致，适当变通，从轻从简，征税退还"政策。1952 年至 2019 年，中央对西藏财政补助累计 4,539 亿元，1959 年至 2010 年中央对西藏财政补助年均增长 15.6%，高于同期西藏 GDP 增长速度。

金融政策方面，中国人民银行在西藏实行有别于内地的特殊优惠政策：金融机构统一执行比全国平均水平低两个百分点优惠贷款利率，利差由中央补贴；增加在藏商业银行分支机构贷款和授信权限；在人民银行贷款、现金和外汇管理方面实行特殊政策。正是由于中央逐年递增的巨额财政投入和金融优惠政策，促进西藏工业、交通运输、邮政通讯、商业贸易和旅游服务等产业部门发展，而这些产业正是税收的主要来源。

产业政策方面的体现：第一，生态环境产业政策。国家将西藏纳入国家生态环境重点治理区域，实施天然林保护、退耕还林、退牧还草、防沙治沙、荒山荒地造林等重点生态建设工程，加强自然保护区管护，构建西藏高原国家生态安全屏障。对西藏生态建设与环境保护给予直接资金支持，"十二五"期间、"十三五"期间分别为 64 亿元、71 亿元。第二，宏观产业布局政策。2010 年，中央政府将拉萨经济技术开发区定位为国家级经济技术开发区，通过宏观产业布局政策来引导促进西藏经济发展结构调整、发展方式转变，加快西藏工业发展。第三，直接投资和援藏政策。和平解放以来，中央实施重大援藏工程为代表的投资项目，改革开放后，中央加大对西藏财政投入以及人才和科技等方面援助，确定其它省、市对口支援西藏的援助政策。经过 7 次中央西藏工作座谈会以来的发展完善，形成由中央政府、中央部委、各省市及国有大型企业组成的多元化、立体式的全国对口援藏新格局。

(四) 西藏支持绿色工业发展的政策措施

中央提出走绿色新型工业化战略后,西藏自治区党委政府结合实际,采取组织结构保证、国民经济发展规划中的产业支持和引导政策、财政和金融扶持政策支持等多种手段相结合的方式来推动西藏绿色工业化。

1. 组织机构保证。基于党的十六大提出走绿色新型工业化道路,十七大强调信息化与工业化融合发展方式,党的十八大提出推进绿色发展、循环发展要求,西藏经中央批准成立工业与信息化厅及新型工业化领导小组,负责有关政策措施制定和重大项目实施。

2. 产业结构和产业组织政策。自 2001 年以来,西藏坚持"一产上水平、二产抓重点、三产大发展"经济发展战略,大力发展特色农牧业及其加工业,有重点地发展优势矿业,加快发展旅游业,积极发展藏医药业,壮大民族手工业,优化升级建筑建材业,产业结构明显优化。为促进西藏相关产业发展,在 2018 年西藏政府工作报告中首次提出西藏"七大产业"概念,要求要以提高经济社会发展质量和效益为中心,大力培育具有地方比较优势和市场竞争力的产业集群,重点发展"七大产业",即高原生物产业、旅游文化产业、清洁能源产业、绿色工业、现代服务业、高新数字产业和边贸物流业。

《西藏自治区国民经济和社会发展第十四个五年规划纲要》明确提出,"因地制宜发展特色产业,推动清洁能源、旅游文化、高原生物、绿色工业、现代服务业、高新数字、边贸物流产业成为经济增长的重要引擎、转型发展的重要动力、人民幸福生活的重要指标、国民经济的重要支柱性产业、高质量发展的亮点和标志,产业增加值年均增长 10% 以上。"特色产业中要大力发展高原特色农畜产品加工、高原生物和绿色食(饮)品业,重点发展矿泉水、特色食饮品、保健品、乳制品、制革、纺织项目。并且在"十四五"发展规划框架下,制定《西藏自治区"十四五"工业高质量发展规划》以及矿业、建材业、藏药业、高原生物与绿色食品产业、民族手工业、工业园区发展等多个专项规划。

3.财税和金融扶持政策。为支持中小企业发展,西藏自治区及各地(市)、县财政特别设立中小企业发展专项资金,每年安排3亿元用以支持技术进步、结构调整和中小企业社会化服务体系;每年安排9亿元用以支持特色优势产业,针对每个龙头企业发放无息贷款。各地市县可在国家及自治区中小企业税收优惠基础上结合自身实际采取更为灵活的税收政策。创建中小企业信贷风险补偿机制、健全中小企业信用担保体系等措施切实缓解中小企业融资难题,2019年8家担保公司为100余家中小企业提供8.76亿元贷款担保。

第三章　西藏绿色工业发展的历程、现状与问题

一、西藏工业发展的历程与内在规律

（一）西藏工业发展的历程

和平解放 70 年来西藏工业发展实践表明，特殊丰富的水资源优势和特殊优势的资源条件为西藏工业发展特别是绿色工业发展提供丰富资源支撑和强大基础。和平解放以来，西藏工业发展历史反复证明，西藏工业特别是绿色工业发展是基于西藏特殊环境条件和优势资源基础不断发展壮大的，由此也决定西藏工业和绿色工业发展既表现出鲜明区域特殊性，又表现出与其区域特殊性高度相关的特殊发展历程、特点、成就。和平解放后，国家在西藏投入巨资建立一大批中小型国有、集体工业企业，标志着西藏现代工业从零起步，逐步发展壮大起来。经过 70 年砥砺奋进，西藏形成以轻纺、矿产、电力、森林工业、化学工业、印刷、食品、粮油加工、制药等为代表的 20 多个行业，形成西藏现代工业体系，成为西藏国民经济有机组成部分。2020 年，西藏工业增加值达到 145.16 亿元，比 2019 年增长 9.8%。规模以上工业增加值增长 9.6%。规模以上工业中，公有工业增长 9.1%，非公有工业增长 10.1%。分经济类型看，股份制企业增长 5.7%，外商及港澳台企业增长 21.0%，国有控股企业增长 4.4%。分门类看，矿业增长 22.3%，制造业增长 6.1%，电力、热力、燃气及水生产和供应业增长 1.7%。[①]

---

① 2020 年西藏自治区国民经济和社会发展统计公报。
http://tjj.xizang.gov.cn/xxgk/tjxx/tjgb/202104/t20210408_198946.html

概况地讲，和平解放以来的70年间，西藏现代工业发展大致经历以下几个重要的发展阶段。

1. 创办与稳定、波折发展阶段。西藏工业创办与波折发展阶段，即1951年至1965年间，主要包括创办时期和稳定、波折时期两个时期。

第一，西藏工业的创办时期（1951年至1959年）。这一时期党中央严格执行《关于和平解放西藏办法的协议》，西藏民族手工业基本沿袭和平解放前的发展格局，国家在一定程度上采取鼓励引导西藏工业发展的基本方针，使西藏工业在原基础上获得初步发展。这一时期国家从西藏经济长远发展考虑，并着眼于逐步改善西藏各族人民生活，中央陆续派遣科学考察队对西藏资源情况进行集中考察。在基本摸清西藏资源底数基础上，国家首先扶持西藏制毯业发展，积极创办与人民群众生活紧密相关的汽车修理业、水电业、森林采伐业、食品加工业、矿产品开采业等工业企业。统计显示，这一时期，国家投资在西藏建设的工业企业36个。其中，轻工业企业12个，重工业企业24个，均属小型国有经济类型，拥有职工4000余人，使西藏现代工业有较为良好的发展起点，为以后西藏工业发展奠定良好基础。据统计，1959年，西藏工业总产值达到4,344万元（按当年价计算），比1956年增长11.3倍（按可比价计算）。其中，硼矿开采做出的贡献最大。1959年，西藏主要工业产品产量分别为，发电量87.7万千瓦时，煤炭产量4.58万吨，原木产量5.88万立方米，比1956年分别增长34.08倍、1.86倍和5.92倍。总体而言，这一时期西藏工业发展的基本特点：西藏工业实现从无到有的初建。

第二，西藏工业快速发展时期（1960年至1965年）。1959年3月，西藏民主改革后，国家在重视和发展西藏农牧业互助生产的同时，着手在西藏发展一批煤炭工业，大力开采磅砂。1960年，西藏工业总产值和主要工业产品产量直线上升，工业产值达到11,725万元,煤炭产量达到7.09万吨,磅砂产量达到8万多吨。成为这一时期乃至1976年以前各年度中的最高水平。由于仓促上马的重工业管理不善，轻重工业比重失调，企业出现亏损。1961年以后，西藏工业总产值和主要工业产品产量下滑，经济效益受到影响。1962年，西藏贯彻落实中央的"调整、巩固、充实、提高"八字方针，放慢工业发展速度，缩短工业战线。1962年至1965年间，西藏工业出现稳定发展趋势，工业总产值达到2,349万元，按可比价计算，比1962年增长4.84%，比1959年下降45.92%；这一时期西藏工业企业达到80个。其中，轻工业32个，重工业48个，国有经济单位职工人数达到62500人。其中，藏族职工占42.56%，均比1959年有大幅度增长。这一时期，西藏工业企业所有制结构发生一定程度变化，国有经济组织占绝主导地位，达到73个，集体经济组织7个，均为小型企业，当时西藏工业企业主要涵盖国民经济中的轻工、建材、汽车修理、森林采伐和矿产品开采等领域。在工业结构上，西藏轻工业产值占西藏工业总产值的比重由1959年的3.78%上升到1965年的37.97%。[①] 与此同时，这一时期西藏民族手工业产品质量和品种规格均有明显提高和增加，缓解西藏特需产品供应紧张状况。这一时期西藏工业发展特点是：国有经济组织迅速发展，集体经济组织相对较小，工业企业主要分布在轻工、建材、汽车修理、森林采伐和矿产品开采等领域。

概况地讲，西藏工业创办与稳定、波折发展阶段是典型的移植与嵌入发展模式。其基本特征包括：和平解放后到西藏社会主义改造完成，西藏现代工业主要是由于外部环境的改变而产生的，也就是说，西藏本身并不具备现代工业产生的技术土壤，这一阶段西藏现代工业并不是西藏传统经济的自然演化结果，而呈现为一种由国家支持为主要动力的外部嵌入式发展特征，是一种典型的移植型工业经济，和一般地区相比，西藏工业外部嵌入式发展模式产生明显的"非典型性"特征。也就是说这一阶段的西藏

---

① 《西藏自治区志·国民经济综合志》编纂委员会.西藏自治区志·国民经济综合志[M].北京：方志出版社，2015.

工业，不是西藏产业形态自然演进结果，而是政治变革成功后产生的必然的经济发展尝试。西藏工业发展并不能够从农业部门得到完全意义的经济剩余，自然也谈不上反哺农业，现代工业和传统农业之间没有太多经济联系。这也就导致另外一个结果，那就是中央以及内地省市支援成为这一阶段西藏工业快速发展的强大动力。①

2.快速扩展阶段。西藏工业稳定快速发展阶段，即1966年至1979年间。这一阶段西藏工业发展除遭受到"文化大革命"的重大干扰外，工业总产值没有出现大起大落现象，总体保持稳定、快速增长态势，轻工企业数量超过重工企业，集体经济组织数量有所增加，纺织、冶金、化学、医药工业开始起步，能源、轻工、建材工业获得一定发展，取得较好的经济和社会效益，初步形成工业布局较广泛、规模较大、门类较齐全的西藏现代工业体系。1979年，西藏工业总产值达到16,698万元，比1965年增长5.30倍；工业企业199个，其中国有经济组织类型达到150个，集体性质类型经济组织49个；拥有轻工类型经济组织109个，重工业经济组织90个；国有经济单位职工人数达到16753人，藏族职工占51.42%，超过历史的最高水平。主要工业产品产量中：发电量15310万千瓦时、水泥产量6.78万吨、原木产量19万立方米、原煤产量6.05万吨、面粉产量14200吨、食用植物油产量1883吨、皮革（折合牛皮）产量6万张，分别比1965年增长4.50倍、5.40倍、1.71倍、2.07倍、3.37倍、1.20倍和8.38倍。②

这一阶段是西藏工业模仿与追赶时期，其基本特征是：在中央政府强力扶持下，西藏工业进入加速发展阶段，初步形成工业布局广泛、规模较大、门类较齐全的现代工业体系。借鉴其它省市工业化的成功经验，强调全面建设和快速发展。这一阶段西藏工业化的一个明显特点是政治导向重于经

---

① 李国政.西藏工业化：国家一体化的内在逻辑与实现路径[J]，绵阳师范学院学报，2016—03—15.
② 《西藏自治区志·国民经济综合志》编纂委员会.西藏自治区志·国民经济综合志[M].北京：方志出版社，2015.

济导向。民主改革后相当长的时期内，西藏经济发展基本上是按照其它省市高度倾斜式发展战略思想指导进行的，这种战略注重规模发展，追求指标上的高速度，用行政力量促使产业结构向某一个方向转变，以单一技术突破推动产业发展，人为造成产业技术结构倾斜，以达到西藏工业赶超式发展目的。但就像其它省市大跃进一样，在高速度发展同时也造成质量和效益低下及一定程度的资源浪费。①

3. 调整稳定发展阶段。西藏工业调整稳定发展阶段，即 1980 年至 2000 年间。1978 年 11 月，中共十一届三中全会后，特别是 1980 年中央第一次西藏工作座谈会召开后，改革开放给西藏工业发展带来历史性转折。根据中央指示精神，西藏认真解决工业战线过长问题，大力开展工业结构调整和企业领导班子建设。20 世纪 80 年代初期，西藏自治区人民政府采取措施，有计划、分步骤、分期分批关、停、并、转 33 个长期亏损、严重缺乏原材料、产品无销路和经济效益差的厂矿企业，如化肥厂、糖厂、造纸厂、玻璃厂，全面整顿和改造保留的西藏工业企业，逐步扭转基础工作薄弱、管理混乱落后的局面，使西藏工业逐步由产值型向效益型方向转变，为稳定发展西藏工业打下坚实基础。20 世纪 90 年代以来，西藏围绕建立社会主义市场经济体制的总目标，按照中央建立现代企业制度要求，深化国有企业改革，积极促进企业转机建制，加强企业内部管理，增强企业生机活力，企业兼并、联合、破产、减员增效迈出较大步伐，以多种形式组建跨行业、跨地区、跨所有制企业集团取得重大进展，工业企业通过优化重组，提高经营效益和规模效益。到 1997 年底，西藏工业总产值达到 117,586 万元（按可比价计算），比 1979 年、1965 年和 1959 年分别增长 1.64 倍、15.8 倍和 8.0 倍；乡及乡以上工业企业达到 459 个。其中，国有经济类型的企业组织达到 277 个，集体经济类型企业组织达到 142 个，其

---

① 李国政. 西藏工业化：国家一体化的内在逻辑与实现路径 [J]，绵阳师范学院学报，2016—03—15.

他经济类型企业（包括村办、城镇个体、城镇合作经营、农村个体、农村合作经营的其他工业企业）组织40个；拥有轻工企业组织达到198个，重工企业组织达到261个，均超过各个阶段的年度水平。主要工业产品产量：发电量达到57766万千瓦时、水泥产量达到32.23万吨、原木产量达到9万立方米、原煤产量达到1.10万吨、面粉产量达到10699吨、食用植物油产量达到1330吨，比1979年增长2.77倍、3.75倍、下降52.63%、增长81.82%、24.65%和29.37%；比1965年增长19.76倍、29.41倍、28.57%、下降44.16%、增长2.29倍和55.37%。到2000年，西藏工业总产值达到18,3036万元（按可比价格计算），比1997年增长33.4%。[①]这一阶段西藏多种经济成分工业企业和企业集团公司不断涌现，成为西藏国有经济的重要组成部分，西藏圣地、拉萨啤酒、西藏矿业及西藏金珠和西藏明珠等5家股份公司股票在全国公开上市，拉萨市优化资本结构试点取得显著成效。

这一阶段是西藏工业的回潮与反思阶段。其基本特征是：市场经济体制确立之后，随着市场发育以及工业企业改革深化，股份制企业和上市公司开始出现并获得快速发展，组建跨行业、跨地区、跨所有制各种类型企业集团组织。以乡镇企业和民族手工业为代表的农村工业在这时期开始转型并获得较大发展。当然也要清醒地看到，市场经济在给西藏工业发展带来机遇同时，也带来巨大挑战，西藏工业企业面临着其它省市工业产品竞争冲击，企业生产经营管理等欠缺，集团化、规模化程度不高，中小企业发育不良等问题突出。[②]

4.夯实高质量发展基础阶段。西藏工业夯实高质量发展基础阶段，即2001年至今。这一阶段是西藏工业发展的内生与创新阶段，基本特点是：依托历次中央西藏工作座谈会精神，各种有利于西藏工业发展的优惠政策

---

① 《西藏自治区志·国民经济综合志》编纂委员会.西藏自治区志·国民经济综合志[M].北京：方志出版社，2015.
② 李国政.西藏工业化：国家一体化的内在逻辑与实现路径[J]，绵阳师范学院学报，2016—03—15.

加快落实，西藏工业企业不断冲破输血型式经济发展羁绊，逐步探索内涵式发展之路，这是西藏工业特别是绿色工业未来发展的必由之路。这阶段西藏工业发展特征的形成得益于中央第四、五、六次西藏工作座谈会赋予西藏绿色工业发展的总体影响，特别是中央第六次西藏工作座谈会后推出的大量优惠政策措施对绿色工业发展所产生的促进作用。

第一，中央第四、五、六次西藏工作座谈会对绿色工业发展的总体影响。

首先，中央第四次西藏工作座谈会及其对西藏工业发展的影响。2001年6月25日至27日，中共中央、国务院在北京召开中央第四次西藏工作座谈会。强调西藏发展历来与祖国和中华民族命运紧紧联系在一起，全党同志必须站在党和国家工作大局战略高度，扎实做好新世纪西藏工作。在中央和全国各族人民大力支持下，西藏广大干部群众围绕邓小平同志提出的使西藏"在中国四个现代化建设中走进前列"的发展目标，共同努力，认真贯彻中央第四次西藏工作座谈会精神，解放思想，实事求是，艰苦奋斗，开拓创新。中央第四次西藏工作座谈会强调发展、稳定和安全的重要性和三者之间的辩证关系，提出跨越式发展。中央第四次西藏工作座谈会后，西藏经济社会获得长足发展，西藏工业经济从数量、规模、获利能力、税收贡献等方面均获得全面发展，企业改革步伐加快，企业重组取得显著成效。

其次，中央第五次西藏工作座谈会及其西藏工业发展的影响。2010年1月18日至20日，中共中央、国务院在北京召开中央第五次西藏工作座谈会。会议强调中央关于新时期西藏工作方针政策是完全正确的，是符合我国国情、西藏实际和西藏各族人民群众根本利益要求的。提出新形势下西藏工作必须围绕正确处理好经济发展、社会稳定、民生改善、生态保护关系；必须统筹国内国际两个大局，增强工作战略性、预见性、主动性；必须把党的理论和路线方针政策同西藏实际结合起来，始终坚持新时期西藏工作指导方针；必须把中央关心、全国支援同西藏各族干部职工群众艰苦奋斗紧密结合起来，推进西藏跨越式发展；必须把维护稳定作为硬任务和第一责任，深入持久开展反分裂斗争；必须凝聚人心、汇聚力量，切实做好各项工作；必须加强各级领导班子和干部队伍、基层组织、党员队伍建设，不断提高党组织创造力、凝聚力、战斗力。中央第五次西藏工作座谈会，为西藏实现全面建设小康社会目标提供强有力政策措施保障。会议制定的政策措施，继续加大西藏特殊优惠政策扶持措施，提高农牧民生活水平，发展教育、医疗、卫生、文化事业，努力实现长治久安，加强涉藏外事工作，加强党的领导。中央制定的特殊优惠政策涵盖投资、税收、金融、生态建设、农牧民生产生活条件改善、社会事业发展、基层组织建设、工资待遇、对口支援等，中央第五次西藏工作座谈会体现出中央对西藏工作的高度重视和对西藏各族干部职工群众的亲切关怀，为西藏跨越式发展和长治久安提供有力保障。[①] 中央第五次西藏工作座谈会后，西藏工业经济改革创新步伐显著加快，工业企业效益显著提高。

最后，中央第六次西藏工作座谈会及其对西藏工业发展的影响。中央第六次西藏工作座谈会专门制定推进经济长足发展和社会长治久安意见，其中涉及政策措施的有7方面32条，涉及指导思想、基本原则、目标任务的有4条，涉及推进跨越式发展的有8条，涉及保障改善民生的有5条，涉及推进长治久安的有10条，涉及夯实党在西藏执政基础的有5条。这些政策措施具有以下特点：一是符合西藏实际，是为西藏量身定做的特殊优惠政策措施。比如西藏全面小康社会指标、经济社会发展基本思路；二是坚持问题导向，具有极强的针对性。明确做好西藏工作着眼点和着力点、出发点和落脚点；三是政策措施既具有继承完善特性又具有创新发展特性，很多都是首创的优惠政策措施。比如西藏工作指导思想、党的治藏方略。

---

① 中共西藏自治区委员会宣传部.中央第五次西藏工作座谈会精神宣讲提纲[N]，西藏日报，2010—03—10.

毫无疑问，既有继承性又有完善性，又有创新性。再比如西藏干部与其它省市干部双向交流，都是实实在在的改革创新发展举措；四是科学全面，系统地解决西藏发展稳定面临重大问题。中央为西藏制定的众多特殊优惠政策，涉及到政治、经济、文化、社会生活各个方面，既具有整体推进又具有重点突破性；五是含金量高，支持力度大。比如西藏银行在条件成熟时可在援藏省市设分支机构，在拓宽在西藏融资渠道上，含金量不言而喻。这些政策措施充分体现以习近平同志为核心的党中央对西藏工作的特殊关怀、特殊支持，西藏各族干部群众要永远铭记、感恩于心，化为扎实做好各项工作的动力。

第二，中央第六次西藏工作座谈会后推出的大量优惠政策措施。中央第六次西藏工作座谈会对于工业发展没有专门论述，但在西藏推进社会主义新农村建设、着力加强重大基础设施建设、大力发展高原特色优势产业、实施特殊优惠政策等具有众多论述，为西藏工业企业发展改革提供指导。主要表现在：

一是，优惠政策，服务工业全面改革。中央第六次西藏工作座谈会后出台很多特殊优惠政策，其中：国家层面的特殊优惠政策包括：《国务院关于促进企业兼并重组的意见》《国务院办公厅关于加强和改进企业国有资产监督防止国有资产流失的意见》《国务院关于改革和完善国有资产管理体制的若干意见》《中共中央国务院关于深化国有企业改革的指导意见》《国务院关于国有企业发展混合所有制经济的意见》《关于鼓励和规范国有企业投资项目引入非公有资本的指导意见》《国务院办公厅关于建立国有企业违规经营投资责任追究制度的意见》《财政部关于印发＜中央下放企业职工家属区"三供一业"分离移交中央财政补贴资金管理办法＞的通知》《关于加快推进厂办大集体改革工作的指导意见》《国务院关于印发关于加快推进厂办大集体改革工作的指导意见》《国务院关于印发加快剥离国有企业办社会职能解决历史遗留问题工作方案的通知》《企业国有资产交易监督管理办法》《中共中央办公厅、国务院办公厅印发＜关于党政机关和国有企事业单位培训疗养机构改革的指导意见＞及相关配套文件的通知》。西藏自治区层面国有企业改革发展政策遵循，西藏自治区层面事关国有经济和国有企业特殊优惠政策包括：《转发自治区国资委财政厅关于西藏自治区国有企业职工家属区"三供一业"分离移交工作方案的通知》《西藏自治区区管国有企业负责人履职待遇业务支出管理暂行办法》《西藏自治区国有企业分类的实施意见》《西藏自治区区管国有企业负责人基本年薪基数认定暂行办法》和《西藏自治区区管国有企业负责人薪酬管理监督检查办法》。二是，做好设计，推进工业整体发展。根据中央关于工业企业和国有资产改革发展"1+N"精神，西藏自治区先后出台《西藏自治区"十三五"时期国资国企改革发展规划》、《关于全面深化改革重组促进国有企业做强做优做大的实施意见》及国有企业分类、完善法人治理结构、发展混合所有制经济等配套文件正在履行相关程序；《西藏自治区人民政府办公厅关于改革和完善国有资产管理体制的实施意见》正式印发执行。在工业企业改革中坚持党的领导加强党的建设、西藏区管工业企业负责人履职待遇和业务支出、深化工业企业负责人薪酬制度改革等政策文件。配合西藏国有资产管理委员会出台一系列出资企业产权管理、财务监督、规划发展、党建工作等规章制度。三是，盘活存量，提升工业发展能力。推动优势资源开发支持重点项目建设。推进上市和再融资，西藏矿业分别在2011年和2015年开展非公开发行和增资转股，募集资金24.68亿元，重组扎布耶锂业债务和资产。西藏天路2015年完成第二次再融资，募集资金9.67亿元，投资建材项目。西藏高争民爆2016年12月9日在深交所挂牌交易，首发募集资金3.79亿元。稳妥发展混合所有制经济，藏中建材、日喀则高新雪莲、昌都高争水泥生产线及高争民爆工业雷管生产线项目，积极引入社会资本合作经营；西藏矿业引进比亚迪、金浩投资、天齐锂业等战略投资者，推动优势资源开发。积极配合西藏国有资产管理委员加强与中国银行西藏分行、中国建设银行西藏分行、农业银行西藏分行及相关资产公司沟通对接，分四批打包回购西藏各类市场主体历史不良金融债权54.88亿元，企业债务负担得到有效化解。四是，用好增量，发挥国企支撑作用。配合西藏国有资产管理委员改组成立中兴商贸、天路建工等产业集团，加快推动资源优势向经济优势转化；组建设立西藏国盛国投、西藏能源投资、西藏圣水公司等投资平台，设立西藏银行、西藏保险法人机构、特色产业基金，全力支持实体经济发展。五是，主动减量，提高发展质量效益。配合西藏国有资产管理委员会深入开展节能减排、瘦身健体、提质增效行动，累计淘汰西藏高争湿法、西藏远大建材（民营）、昌都高争、芒康高争、阿里高争、日喀则高争、雪莲等落后产能项目7个、落后水泥生产线8条、淘汰落后产能150万吨；关停企业4家，提前完成国家和西藏自治区确定的落后产能淘汰任务。西藏高争集团整合重组工业物资运销公司，关停人和燃气等有安全生产隐患企业；中兴商贸整合重组西藏贸易集团、西藏物资总公司等8家困难商贸流通企业。西藏高争建材实施五期技术改革，煤耗、电耗同比下降12.7%、31.2%，生产成本降低100多元/吨，企业产量大幅度提高，各项指标达到国内领先水平。六是，探索改革新途径，推进依法规范治企。配合西藏国有资产管理委员会积极推进国有企业改革试点，先后在西藏高争股份、西藏能源投资、西藏吉圣高争以及西藏中兴商贸、西藏汽工贸等企业开展市场化选聘经营管理团队试点，在西藏高争集团、西藏高争股份等企业开展"两化融合"管理体系贯标工作，企业管理水平和发展质量提升。以管资本为主推进国资监管职能转变，研究制定国有资产管理委员权责清单，推进"放管服"改革，推进规范性文件"废、改、立"工作。七是，统领改革发展，切实加强国有工业企业党建。配合西藏国有资产管理委员会健全完善国有工业企业党的建设各项制度，将国有工业企业党建总体要求写入公司章程，充分发挥国有工业企业党组织的政治核心和领导核心作用。落实党管干部原则，落实党委书记和董事长"一肩挑"、党员总经理兼任党委副书记、选拔配备专职党委副书记等"双向进入、交叉任职"要求。明确党委主体责任和纪检组监督责任，配合自治区有关部门严厉查处出资企业违法违纪行为，为国有工业企业改革发展营造良好环境。

（二）西藏工业发展的内在规律

1.西藏工业的发展的一般性[①]。和平解放后，西藏开始现代工业发展演进进程。作为新中国一个重要组成部分，其发展制度和经济体制必然会随着中国整体制度的演变而演变，其工业化道路总体上必然与中国整体发展道路相一致，也就是说西藏的现代工业演化具有中国整体工业化的一般特征。

第一，西藏现代工业的发展历程。研究表明，尽管旧西藏已经出现一些近代工业雏形，但并不具备典型意义上的现代工业，西藏现代工业大致是由和平解放后开始的。经过民主改革，清除落后制度障碍，为现代工业发展铺平政治社会道路，极大解放劳动生产力。随之而来的是西藏自治区建立以及社会主义改造和建设完成，初步建立西藏现代工业门类，尽管比之于发达地区，西藏工业门类不成熟、不完善，但考虑到西藏的历史和区情，这已是一个巨大进步。对社会主义发展本质的误解以及由此导致的左倾错误同样影响到西藏发展，"大跃进"式发展理念使得西藏在20世纪60年代末和整个70年代也出现不顾经济发展质量的赶超其它省市心态，当然在取得工业大发展的同时，也导致发展绩效低下的实际问题。尤其是对于西藏这样一个生态敏感区，赶超产生的环境成本是不可低估的。改革开放初期，由于长期在计划经济体制保护下，西藏缺乏一定程度上的竞争力，面对突如其来的市场竞争显得力不从心。因此，在20世纪80年代的大部分

---

① 李国政.一般与特殊：西藏现代工业发展的演化逻辑[J].长春理工大学学报（社会科学版），2012—09—15.

时间内，西藏现代工业一直处于起伏不定之中。市场经济体制确立后，西藏现代工业进入一个新的发展时期，这对于西藏来说既是机会更是挑战。说其是机会，是指西藏可以把握住全国体制转轨大潮而加快发展转变，加快融入到全国发展的整体之中，并可以利用后发优势实现跨越式发展；说其是挑战，是指作为我国一个发展最为落后的省份而言，市场经济带来的竞争与分化对西藏工业的冲击是巨大的，西藏能否适应以及在多大程度上适应是不可知的。进入新时期以来，西藏充分发挥自身比较优势，大力发展具有西藏特点的特色优势工业，如绿色食（饮）品加工业、藏药业和民族手工业等特色优势产业，形成以优势矿业、建材业、民族手工业、藏医药业为支柱的包括电力、农畜产品加工业、饮食品加工制造等工业为主的富有西藏特点的工业生产体系。

第二，西藏现代工业演化一般性表现。从对我国以及西藏现代工业发展过程的描述，可以看出西藏现代工业历程具有与中我国工业化相通的一般性。首先，从过程上来看，二者都是从无到有，从小到大的过程。其次，从演变背景上来看，都伴随着一定的制度变迁而开始的。这一制度变迁可分为强制性制度变迁和诱致性制度变迁。新中国建立本身就是一个政治军事革命的结果，这一特征决定工业化进程必然是一个强制性和诱致性变迁的综合，即强制性制度变迁构成新中国工业化初始阶段，那么随着经济发展走上正轨，诱致性变迁将起到主要作用。循着这条思路，将新中国工业史分为两个阶段，即以1979年为限，之前是强制性制度变迁时期，并非这时期的工业变迁都是强制性的，只是说总体上受到建国之初各项制度"大破大立"的影响，之后是诱致性制度变迁时期，并非这时期工业变迁都是诱致性的，只是其总体上受到市场经济自发影响。新中国工业化是在国家计划推动下展开的，产生于新民主主义向社会主义过渡阶段；而西藏现代工业虽起步于和平解放后，但获得较大发展是在1959年农奴制废除后，农奴制废除对于西藏来说是一次典型的强制性制度变迁，正是在此之后，西藏开始由新民主主义社会向社会主义社会过渡，最终进入社会主义改造和建设时期。而在改革开放后，虽然较其它省市晚几年，西藏也与之一起步入改革时期，并逐步完成向市场经济的转变。再次，从工业构成上说，经过70年的发展，我国已部分建立并继续向以高新技术产业为引领，传统优势产业为依托，先进制造业为支撑，服务业全面发展为主要内容、门类齐全的现代工业体系，而西藏经过半个多世纪的发展，也形成以优势矿业、建筑建材业、民族手工业、藏医药业为支柱，富有自身特色的工业体系。最后，从演变整体上来看，西藏的现代工业发展与全国的发展是一种互动关系，西藏的工业发展离不开我国整体，反之亦然。无论从过程上还是结果上来看，西藏现代工业最终是被纳入国家整体发展当中，也即演变整体上的一般性。

2.西藏工业发展的特殊性。① 第一，西藏现代工业演化特殊性的原因。西藏作为我国一个特殊区域，必然会有自身发展的特殊性，其特殊性是由历史文化传统、地理特征、自然环境等因素决定的。

首先，从历史文化上看，在其它省市社会制度不断由低级向高级演化的进程中，西藏俨然是一个相对独立的封闭区域，封建农奴制在几百年的历史中始终占据着统治地位，由其延伸出来的封建庄园领主制和寺院经济使得西藏长期处于一种超稳定结构状态的自然经济中。一方面，封建领主庄园制形成农奴主特权阶层和农奴对其依附，前者对后者实行超经济剥削，使广大劳动人民的购买力极其低下，也限制市场扩大所需要的劳动力供给，这与现代工业的发展要求相去甚远。另外，封建庄园制的封闭性使西藏经济只能不断再生产出封闭格局的自然经济，不利于经济分工与合作。另一方面，寺院经济则通过特有的传导机制限制经济发展。轻视生产，限制发

---

① 李国政.一般与特殊：西藏现代工业发展的演化逻辑[J].长春理工大学学报（社会科学版），2012—09—15.

展实业的劳动力供给；由于喇嘛社会地位较一般劳动者为高，进寺院为喇嘛者甚多，导致人口再生产不足。其次，西藏处于我国边疆，离其它省市距离过远，地域辽阔，各地之间交通不便，导致中央政策在西藏的实行有一定时间滞后。基于同样原因，西藏经济发展所必须的人力、物资及技术相当匮乏，工业发展成本极大。最后，生态敏感，西藏位于青藏高原主体，素有"世界屋脊"和"地球第三极"之称。这里不仅是南亚、东南亚地区的"江河源"和"生态源"，还是我国乃至东半球气候的"启动"和"调节区"。显然，如果在这样一个生态脆弱区不能合理进行工业规划和建设而一味进行赶超式粗放发展的话，发展造成的环境代价是不可逆的。因此在西藏是否推进工业化问题上一直争论不断，观念上的分歧也多少限制西藏工业发展广度和深度。

第二，西藏现代工业演化特殊性的表现。西藏社会历史条件与实际发展中的特殊性决定其现代工业发展与内地是不完全一样的，在整体上具有中国特色的同时，也具有"西藏特点"。

首先，二者历史起点不一样。新中国成立之初虽然是满目苍夷，百废待兴，但也绝非是完全意义上的"一穷二白"，毕竟是在国民党政权执政20余年的基础上建立起来的，现代工业遭到重创，轻工业具有一定规模。据《新中国工业经济史》一书统计，1949年中共没收国民党官僚资本2000余家，包括发电厂138家，煤油企业120家，金属加工业505家，纺织厂241家，食品企业844家，这为新我国工业化起步提供一定基础。而西藏在和平解放前现代工业一片空白，仅有寥寥几家近代加工业，现代工业发展基础差，和平解放后才开始起步。其次，工业化制度变迁阶段不同，新中国成立之始四年即开始大规模工业建设，而西藏则是在民主改革后开始系统性建设，且建设力度与其它省市无法相比。西藏社会主义改造和建设在60年代中期才开始，比其它省市滞后十年多。再次，发展动力上，新中国成立之初，只是苏联给予大量援助，而与苏联决裂后，完全变成自力更生,工业化进程主要靠内部积累来完成。与之明显不同的是,西藏工业发展,其自我发展能力低下,完全依靠中央一系列支持政策,"中央支持,全国援助"是其发展的主要动力和特点。再次,工业结构上,2000年之前,我国整体上轻重工业比重差别不大,重工业略高于轻工业,近十年来重工业发展迅速,大大超过轻工业。西藏则在工业发展起步阶段重工业远远大于轻工业,二者比重又有接近趋势,但重工业始终大于轻工业,可以看出,二者工业结构的演变是不同的。最后,综合各种现象而对二者工业化阶段作出研判,我国整体上的工业发展程度比较复杂,各地区发展程度不同,既有后工业化地区,又有处在工业化中期和前期的地区,很难作出统一研判,但总体上接近工业化中期水平。西藏情况比较特殊,经过半个多世纪发展,符合"西藏特点"要求的工业体系基本建立,但并未经历明显重化工业发展阶段,不具有典型意义上的现代工业演化特征,因此说西藏现代工业体系达到成熟和完善显然是不恰当的。[①]综合考虑,西藏工业发展阶段当处于工业化初期阶段。

3. 西藏现代工业的发展线索。任何一种产业都有自身发展规律,由于它有着不同发展环境和驱动因素。西藏现代工业发展同样如此,因此对于西藏现代工业分析必须将它置于西藏这一特殊地域范围内加以考虑。梳理既有文献发现,西藏现代工业发展线索基本可以概括为三条:

第一,从内因上来说,其是基于当地生产生活需要而产生的,这是最基本的产生因素。如前所述,工业化是经济社会发展的必由之路,西藏虽然产生现代工业的土壤较差,但也不能违背经济发展的大趋势,这是西藏整体社会步入现代化的先决条件。同时,基于西藏发展工业的原材料匮乏,单纯由外部地区输入,其成本高,也是导致西藏发展现代工业的重要因素,

---

① 李国政. 一般与特殊:西藏现代工业发展的演化逻辑[J]. 长春理工大学学报(社会科学版),2012—09—15.

西藏发展现代工业的需求越强，其发展规模和速度也就越大，也即现代工业的需求与发展成正比例。

第二，从外因上看，单靠西藏自身还难以积累起现代工业发展的资金、技术与人力资源等生产要素，必然需要国家强力支援，鉴于西藏政治经济历史特殊性，和平解放以来，中央政府事实上就已经在西藏发展中给予始终如一的全方位支持，特别是上世纪80年代以来的七次西藏工作座谈会，将援藏形成制度化行动，援藏力度逐步加大，西藏稳定，涉及国家稳定；西藏发展，涉及国家发展；西藏安全，涉及国家安全；重视西藏工作，实际上就是支持全局工作。作为产业援藏主要内容之一，现代工业在此过程中得到快速发展，逐渐成为带动西藏经济快速发展的重要支柱，并且西藏现代工业发展是与外部支援力度成正比例的，这一点从五次西藏工作座谈会之后对西藏的具体援助可以看出。可以认定，没有中央政府以及其它省市的大力支持，西藏现代工业的大发展是不可想象的，在这一意义上，这一外因的作用超过自身需求这一内因。

第三，从中央与西藏的关系来看，西藏经济社会的每一次大发展都是在中央政府直接主导下进行并完成的，西藏的发展过程既是其本身不断从低级形态到高级形态的演化，也是中央政府努力将其纳入到国家整体发展框架中的尝试，使其融入到其它省市的发展当中，这既是发展西藏经济的必然要求，也是国家权力在西藏存在的重要体现，同时也是"国家统合"的重要步骤。循着这一思路，西藏现代工业的发展不仅仅代表着一种新的产业的出现，也代表着西藏经济进步。

综上所述，作为我国不可分割的一部分，西藏现代工业发展历程与我国整体工业化进程必然具有相当大的共同之处，例如演化过程、工业构成体系以及演化制度背景等，但西藏作为一个特殊区域，由于其独特历史文化传统，脆弱生态环境，遥远地理位置，使其现代工业发展始终保持着一定程度的"西藏特点"，这主要表现在现代工业历史起点，现代工业结构，制度变迁阶段，工业发展动力和发展阶段。西藏现代工业发展两重性决定其发展必然是在我国整体工业发展框架内，同时也必然沿着一条符合自身实际的特殊路径持续下去。只有认识到西藏现代工业演化的共性与个性，剖析其演化的运动规律，才能够从整体上把握西藏经济社会的发展方向，为制定相关政策提供依据。

二、西藏绿色工业发展的成效与特殊性

（一）西藏绿色工业发展的成效

西藏工业特别是绿色工业发展取得不菲成就。2020年底，西藏国民经济增长继续保持快速、稳健发展态势，实现生产总值1,903亿元，保持自2000年以来增速在10%以上。按可比价格计算，2020年西藏GDP比2019年增长12%。西藏工业增加值达到109亿元，比2019年增长9.6%。工业增加值占西藏生产总值比重达到5.7%（见图3—1）。

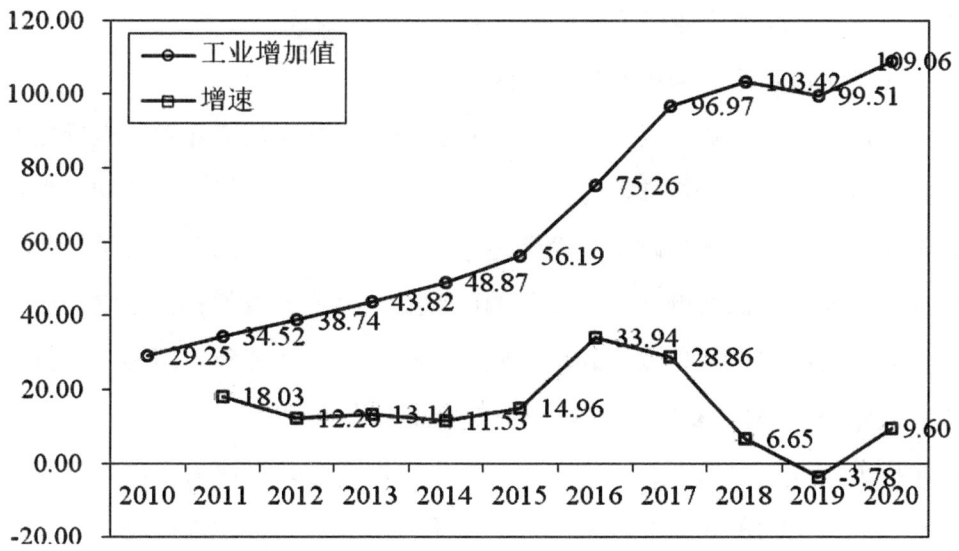

图3—1 2010—2020年西藏工业增加值（单位：亿元）及其增速（单位：%）

数据来源：历年西藏统计年鉴整理所得。

到2020年末，西藏在规模以上工业企业实现总产值250亿元，其中，主营业务收入2,000万元以上工业企业实现工业增加值289亿元，同比增长20.1%。全年规模以上工业企业实现利润总额12.97亿元，同比增长9.8%，其中，国有及国有控股企业实现利润3.59亿元，下降25.6%；集体企业实现利润1.42亿元，增长10.0%。规模以上工业企业产品销售率97.4%。通过加大技术改造力度、淘汰落后生产力、完善市场调节机制等一系列手段，稳步推进绿色工业化，发展循环经济，西藏绿色工业化发展方式逐步由粗放型发展模式向实现集约化转变。

特色优势产业得到较快发展。优势矿业发展强劲，对工业发展的带动作用十分明显；以新型干法水泥为代表的建材业初具规模，对基础设施建设支撑作用不断增强；藏药现代化生产工艺广泛应用，企业管理水平明显提高；食品工业质量管理和诚信体系建设加快，矿泉水、青稞啤酒等特色产品向规模化、品牌化发展，区外市场有效拓展；民族手工业专业技能不断提高，市场份额扩大。此外通过加快工业园区基础设施和配套设施建设，提高产业承载能力，使得工业集聚发展格局逐步形成。

（二）西藏绿色工业发展的特殊性

1.西藏绿色工业发展的特征。实践表明，西藏绿色工业发展表现出明显特色资源优势型和特殊优惠政策支撑型相结合的基本特征。长期以来特色资源优势和特殊优惠政策是西藏绿色工业发展基础，当然也必须是西藏绿色工业发展和供给侧结构性改革的出发点。决定各级各界在制定相应的扶持政策时必须在特色资源和优惠政策上做文章、找突破，切实把特色资源开发好、利用好、保护好，使特色资源真正成为西藏绿色工业发展的基石，使全面分析、充分挖掘、科学使用、积极争取优惠政策成为全面推进绿色工业发展和供给侧结构性改革的抓手。工作重点：完善管理体制、构建发展机制、优化产业布局、科学区域布局，构建亲清新型政商关系，推进战略重组，有序推进西藏绿色工业适时做强做优做精做大。

2.西藏绿色工业发展的经验。回首过往，西藏绿色工业发展经历极不平凡的发展历程，实现从落后走向进步、从封闭走向开放的伟大跨越。伴随这一历史浪潮，在党中央特殊关怀下，在自治区党委的坚强领导下，西藏绿色工业发展始终服从和服务于西藏经济社会发展大局。总结出如下基本经验，而推进西藏绿色工业发展的核心是中央通过历次西藏工作座谈会赋予西藏特殊优惠政策。

第一，坚持党的领导，始终沿着正确发展方向前进。中国共产党领导是中国特色社会主义的本质特征，是中国特色社会主义制度最大优势，是做好西藏绿色工业发展最根本保证。西藏绿色工业发展必须毫不动摇地坚持党的领导，加强党的建设，努力把党的政治优势、组织优势转化为西藏绿色工业发展的改革发展优势。特别是在党的十九大以来，西藏绿色工业发展着力强化党的政治建设，扎实开展"不忘初心、牢记使命"主题教育，着力增强"四个意识"，坚定"四个自信"，做到"两个维护"，不断增强信心、提振士气、激发干劲，确保治边稳藏方略尤其是"依法治藏、富民兴藏、长期建藏、凝聚人心、夯实基础""加强民族团结、建设美丽西藏"要求不折不扣地全面贯彻落实，取得实实在在成效。

第二，坚持人民中心，西藏所有的经济工作都是民生工作。西藏工业经济部门坚持把改善民生、凝聚人心作为工业经济部门工作的出发点和落脚点，坚持困难麻烦由政府解决，方便实惠留给群众，始终站在人民立场上把握，始终从人民利益出发谋划和制定政策措施。

第三，坚持改革创新。西藏是我国经济发展不平衡、不充分表现最为突出的省份之一，不断解放和发展生产力，必须要从根本上改革束缚绿色工业生产力发展的体制机制。西藏绿色工业坚持向改革要活力，牢牢扭住绿色经济建设这一中心，从完善绿色工业发展体制机制着手，着力破解制约绿色工业发展改革发展体制障碍，切实提升绿色工业发展服务经济社会发展能力，近年来西藏绿色工业部门围绕建立权责清晰、财力协调、区域均衡现代绿色工业发展制度，积极推进放管服改革，取得积极成效。通过不断深化改革，绿色工业发展实力稳步增强，体制机制日趋完善，创新活力持续释放，保障能力逐渐提升，绿色工业发展在国家治理中的基础性和重要性充分彰显。

3.西藏绿色工业发展的核心推动力。历次中央西藏工作座谈会表明，通过中央历次西藏工作座谈会赋予西藏的特殊优惠政策，以及特殊区情构成西藏绿色工业发展核心动力：

第一，特殊区情构成西藏绿色工业发展的核心动力之一，决定西藏必须依托中央赋予西藏的特殊优惠政策满足西藏绿色工业发展的需要。一是，特殊自然条件决定西藏需要国家特殊优惠政策支持绿色工业发展。西藏海拔高、地域广阔、沟壑纵横、边境线长。其中，地域广阔意味着西藏道路交通通讯等基础设施建设投资大；海拔高、沟壑纵横意味着西藏投资周期长、成本高、风险大、收益低；边境线长意味着西藏投资活动一定会受到不同程度地缘政治因素影响而表现出比其它省市区较大政治风险性。特殊自然条件因素使得国内贷款、利用外资、自筹资金、其它资金等社会投资往往不愿意投资到西藏绿色工业领域的基础设施。二是，特殊经济社会因素决定西藏需要国家特殊优惠政策支持绿色工业发展。受历史和现实多因素影响，西藏工业经济发展总体表现出宏观经济体量不大、产业现代化程度低、行业差距大且区域分布不均的显著特征。首先，经济体量不大意味着西藏工业经济的资产投资可以来自于区内的资金支持可能相对比较有限。其次，产业现代化程度低且行业差距大意味着西藏重点发展的工业经济要么是优势资源型的、要么是优惠政策型的，由此导致天然饮用水产业、绿色建材业、绿色优势矿业、民族手工业、节能环保产业等顺理成章地成为西藏绿色工业优先发展的特色优势产业，而这些产业及产品虽然特色鲜明，但规模小、创新不足，持续推动有限；最后，西藏是全国省级行政区划中人口最少的，且有限人口主要分布在经济相对发达的拉萨、山南、昌都和日喀则，林芝、阿里和那曲人口相对较少。这一特殊人口分布格局意味着西藏区内对区内绿色工业产品的市场有限，需要外销以解决特色产品的销路不畅问题。三是，特殊国家战略定位决定西藏需要国家特殊优惠政策支持以实现绿色工业发展。西藏是重要的国家安全屏障、生态安全屏障、战略资源储备基地、高原特色农产品基地、中华民族特色文化保护地和世界旅游目的地。国家安全屏障意味着西藏必须立足国家战略需要安排投资，将大量资金用于与国防、安全、稳定、边疆、民生等相关领域；生态安全屏障意味着西藏必须立足生态文明建设将大量资金用于与生态改善相关的投资领域；战略资源储备基地、高原特色农产品基地、中华民族特色文化保护地和世界旅游目的地等意味着西藏必须立足优势资源保护、特色产业发展、优秀文化保护传承、旅游资源保护开发需要将大量资金用于与资源保护、产业发展、文化保护、旅游事业相关领域。这些因素综合起来决定西藏投资需求旺盛，但内生资金供给明显不足。

第二，中央赋予西藏特殊优惠政策构成绿色工业发展的核心动力。历次中央西藏工作座谈会后西藏经济社会发展的实践表明，中央赋予西藏特殊优惠政策支持绿色工业发展是成功的、必要的。纵观历次中央西藏工作座谈会及其确定的特殊优惠政策不难得出如下结论：一是，中央西藏工作座谈会是党中央高瞻远瞩解决西藏发展稳定问题的主动作为和创举，体现出中央对西藏的特殊关怀和关切；二是，中央西藏工作座谈会也是自治区党委、政府主动向中央汇报，全面对接全国发展，积极争取特殊优惠政策支持的产物，是典型的自下而上和自上而下相结合的政策博弈结果。体现出典型的政策总体目标背景下中央和地方双方政策诉求的充分表达；三是，中央赋予西藏一系列特殊优惠政策都是在以地方主动汇报为前提和基础上导致的措施不断丰富、优惠力度不断加大、优惠措施逐步细化的过程。启示是：在现有国家政治经济体制机制框架内，结合西藏特殊区情，争取中央特殊优惠政策，对于西藏不仅是必须的、更是可行的，也是可操作的。

二、西藏绿色工业发展存在问题分析

（一）西藏绿色工业发展存在的问题

1.绿色工业化发展水平较低。西藏地区人均收入处于低收入阶段，绿色工业化水平还处于初期阶段，工业总体规模和总量都比较小。2020年，西藏实现工业增加值占GDP的比重大约为5.7%，人均实现工业产值和工业增加值分别为7,510元和2,988元，仅相当于全国平均水平的56%和61%。

2.所有制结构单一，国有工业比重过大。虽然西藏工业总产值规模不大，但其国有工业所占的比重却很高，2020年高达54.6%，而全国平均水平仅有37.6%。由于存在大量的国有企业，且企业经营机制不活，使得西藏工业经济活力不足，改革步履艰难，严重影响西藏工业经济发展。

3.企业组织结构不合理，中小企业发育不充分。西藏同西部其他省份相比，企业规模较小，特别是小企业的规模小。西藏地区大、中、小型企业数量结构与西部其他省或自治区基本相似，但产值结构却相差很大。2020年西部其他地区大、中、小、微型企业总产值占工业总产值的比重平均分别为36.9%、12.2%、42.7%和8.2%，而西藏地区分别为46.2%、29.6%、21.3%和2.9%。工业总产值过分集中在少数大型企业，特别是国有大型企业，反映出西藏民营经济和中小企业没有得到充分的发育，工业经济发展的活力不足。

4.产业结构内部发展不平衡。西藏工业企业集中在三个经济领域：一是基础工业，包括以有色金属矿和黑色金属矿为主的采选业、电力、热力、自来水的生产和供应业；二是初具规模和传统优势的制造业，即以农副食品、食品、饮料、木材加工及竹藤棕草制品、印刷业和记录媒介的复制等为主的制造业、以化学原料及化学制品和医药化工为重点的化学工业和非金属矿物制品和金属制品为代表的冶金工业；三是代表新兴工业或者高新技术产业发展方向的太阳能和光伏发电工业。西藏工业结构是一个非均衡的结构，表现为重工业超前于轻工业发展（见图3—2）。

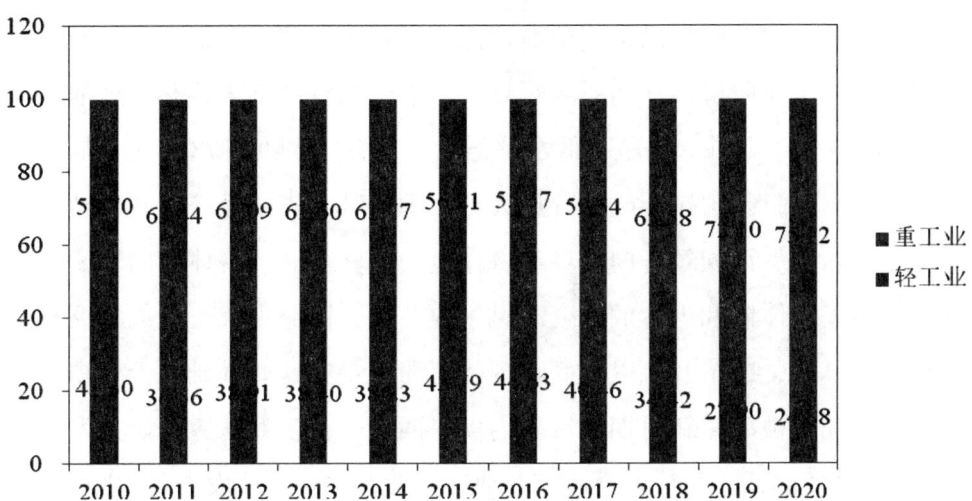

图3—2 2010—2020年西藏轻、重工业产值占工业总产值比重（单位：%）

数据来源：历年西藏统计年鉴整理所得。

由图3—2可以看出，西藏重工业比重远高于轻工业比重，2016年以来，重工业比重超过55%，并呈现不断上升趋势。工业结构内部比例严重失调一方面严重阻碍西藏产业结构优化升级，另一方面也不利于抵御市场风险。

5.资源型产业比重大，产业加工链条短。西藏工业化相对滞后，但重工业比重较高，2020年达到75.1%。在重工业中资源型产业占绝对优势。按五大产业占工业总产值比重排序，西藏各产业的产值顺序是：原料工业、以农产品为原料的轻工业、加工工业、采掘工业和以非农产品为原料的轻工业，其中采掘工业和原料工业占36.6%，重工业占58.2%。从行业角度看，西藏具有一定优势的行业绝大部分是资源型产业，西藏市场竞争力较强的行业有：有色金属矿采选业，医药和金属制造业，电力、热力的生产和供应业，工艺品制造业，饮料制造业，其中除饮料制造业外，其余均为资源依赖强的行业。

(二)西藏绿色工业发展最大制约是内生动力不足

西藏绿色工业基础相对薄弱。研究表明,西藏现代工业萌芽于清末民初,和平解放后尤其是民主改革后,西藏现代工业获得空前发展,开始系统建设现代工业阶段。在当时大背景下,由于经济体制束缚和发展战略失当,西藏现代工业并未挣脱"低水平陷阱"窘境。伴随 1978 年十一届三中全会胜利召开,我国拉开改革开放大幕,随着其它省市经济体制转轨与改革深化,西藏从计划经济向市场经济体制发生转变。经济体制的转变直接导致工业发展体制和内容的改变。民主改革后,西藏现代工业大发展打下后续发展基础,改革开放以来西藏现代工业正是在这些基础之上获得进一步发展,同时被赋予新时期发展新内涵。西藏现代工业从零开始,发展到今日,成就斐然,问题不少。① 改革开放以来西藏现代工业发展基本经历"先阵痛,后转型,再发展"的循环。但从工业发展基础而言,西藏的特殊区情使其并不完全具备现代化工业滋生和成长的良好土壤,而现代工业是一个国家或地区走向现代化的重要的必然的载体,也是西藏改革发展中不可回避的必然选择。和平解放以来,在国家大力扶持下,西藏现代工业从一片空白到目前形成现在的颇具特色的现代工业体系,走过一条曲折但较为稳健的发展之路。改革开放之前西藏工业基础很薄弱,改革之初又面临着很多不适,使西藏工业发展步履维艰。进入 20 世纪 90 年代后,经济体制的转型完成以及中央援藏的系统实施,使西藏工业迎来困顿之后的新时期,也逐步探索出具有西藏特点的发展路子,形成具有自身优势的产业格局。在取得显著成就的同时,也要看到当前西藏发展主要还是依靠外部援助,根植于西藏内部的自我发展能力明显不足,从短期看,这一发展特征助推西藏经济跨越式发展,但从长久看,这不是西藏经济可持续发展的应有之

---

① 李国政.困顿与发展:改革开放以来西藏现代工业的回顾与反思[J].中国区域经济,2012 年第 3 期(总第 18 期),2012—06—01.

义，增强西藏经济发展内生性至关重要。

　　同时，鉴于西藏生态保护任务的艰巨性，西藏工业发展不可能再走其它省市很多地区那样的以牺牲环境为代价的粗放的工业化发展道路，而应走以环保为核心的特色工业化发展道路。可以认定：走带有西藏特点绿色工业化道路才是西藏工业现代化进程中的可行之道、必选之道，也只有这样，才能逐步改善西藏工业发展要素禀赋结构，为确立起西藏工业竞争优势创造扎实条件和打下坚实基础。

第二篇　行业篇

第四章 西藏天然饮用水产业发展专题

一、西藏天然饮用水产业发展的基础与成就

（一）西藏天然饮用水产业发展的基础

西藏是我国水资源最为丰富的省区之一，人均水资源占有量在全国居首位。西藏天然饮用水产业发展的特殊的外流区域水资源主要包括：冈底斯—念青唐古拉山脉以南，当雄—安多以东地区，除喜马拉雅山北坡有一些内陆湖泊外的区域，占西藏49.02%。有金沙江、澜沧江、怒江、雅鲁藏布江等。内流区域水资源主要包括：冈底斯—念青唐古拉山脉以南。冈底斯—念青唐古拉山脉以北、当雄—安多以西广大地区为内流区域，占西藏总面积的48.76%，是我国湖泊分布最多的地区，湖泊面积在1平方千米以上的612个，湖泊总面积达到2.418万平方千米。西藏瓶装水大多或基本上是地下矿泉水，这与天然饮用水属于不同范畴，天然饮用水大多取自河、湖、泉等。

（二）西藏天然饮用水产业发展的成就

上世纪90年代中期，特别是"十二五"时期以来，在各级政府科学引领和大力扶持下，西藏天然饮用水产业迅速壮大，优质好水品牌效应逐步显现，初步形成良性产业发展格局，对经济增长、民生改善、就业增加和长治久安发挥着重要作用。概括地讲，西藏天然饮用水产业发展取得的显著成效表现在：产供能力迅速扩张、综合效益初步显现、龙头企业迅速崛起等三个方面。

1.西藏天然饮用水产业产供能力迅速扩张。从供给端分析，西藏天然

饮用水产业发展历程表现出渐进性与不断完善性。统计显示，2015年西藏获得天然饮用水生产许可证的企业28家，建成整装天然饮用水生产线30条，设计产能达到230万吨，全行业技术与工艺标准基本达到国内中等水平。2019年上半年，西藏获得天然饮用水生产许可证的企业40多家，建成全面投产天然饮用水生产线40多条，全行业产能700万吨，全行业技术水平及工艺标准整体达到国内中上水平。由此认定短短三四年间，西藏天然饮用水产业全行业生产能力由2015年的230万吨增加到2019年的700万吨，增加470万吨，产能增加近3倍。从需求端分析，2014年西藏天然饮用水总销量15万吨，比2009年的7万吨翻一番，全行业实现工业总产值5.3亿元，占西藏工业总产值的3.5%。2018年西藏天然饮用水总产量70多万吨，销售量68万吨，产销基本持平。由此发现西藏天然饮用水产业在经过多年积累实现从无到有、从小到大的数量蜕变，特别在2015年以后，西藏天然饮用水产业获得井喷式发展，已成长为西藏最具发展潜力和核心竞争力的特色优势产业之一。

究其原因，主要有以下三方面：一是西藏天然饮用水资源丰富，质地优良。西藏是世界上罕有的待开发和无污染区域，全域天然水资源富含偏硅酸、锂、锶、镁等多种对人体有益的常量元素和微量元素，且水龄适中、水分子团小，呈天然弱碱性，整体以其天然、纯净、健康特点被业界公认为是世界上最好的淡水资源之一，开发利用价值大。除此而外，西藏冰川面积占全国一半以上，其冰川水以独有小分子结构被业内人士称为地球上最优质的天然饮用水，这种天然饮用水资源因为不可复制性而稀缺珍贵。[①]优质天然饮用水资源为西藏天然饮用水产业发展提供雄厚的物质基础。于此同时，西藏74个县区中的绝大部分县都有一定数量的天然饮用水资源，

[①] 杨淼.新时代西藏天然饮用水产业高质量发展研究[J].西藏民族大学学报（哲学社会科学版），2020—05—15.

这为西藏全域开发天然饮用水提供资源便利；二是西藏各级政府围绕加大招商引资出台大量的特殊优惠政策措施，吸引着大量其它省市资本赴西藏开发天然饮用水资源；三是伴随改革发展不断深化，国内环境污染压力大，城乡居民水的消费观念悄然变化，已由过去单纯的有水喝转变为喝好水，对洁净好水追求旺盛，再加上广大其它省市城乡居民对西藏净土、净水充满无限向往，多种因素交织在一起共同缔造2015年以来西藏天然饮用水产业井喷式发展格局。

2. 西藏天然饮用水产业综合效益初步显现。与上述天然饮用水产业的产供能力迅速扩张相适应，西藏天然饮用水产业已成为西藏最具发展潜力的重要特色优势产业之一，其产业综合效益初步显现。主要表现在：一是西藏天然饮用水产业全行业销售量大幅增长，带动行业龙头企业发展壮大。西藏水资源有限公司是西藏规模最大的天然饮用水产业龙头企业，2008年公司营业收入1.2亿元，2013年7.87亿元，增长6倍，净利润增长40倍，2014年公司销售量11.7万吨，主打产品5100冰川矿泉水市场占有率接近30%，雄踞国内各天然饮用水品牌市场份额之首。2014年西藏天然饮用水全行业销售量15.3万吨，2018年68万吨，增长3.4倍；二是西藏天然饮用水产业对水源地农牧民脱贫致富产生巨大推动作用。由于西藏天然饮用水水源地主要分布在海拔相对较高的区域，这些地方交通不便，条件艰苦，贫困发生率高，农牧民脱贫致富难度大。天然饮用水企业进驻后，通过提供资源补偿费、兴修道路、铺设管网、提供就业机会、结对帮扶等为群众脱贫致富奔小康注入新活力，西藏水资源有限公司的卓玛泉和格桑泉水系列产品合作模式成为西藏水行业的典范。

3. 天然饮用水产业龙头企业迅速崛起。产业发展史表明，一个产业快速高速发展必然会带动相关产业和行业崛起，行业崛起又会催生出大量企业并促其发展。西藏水资源有限公司作为西藏天然饮用水生产销售领军企业，其发展变迁印证上述结论。公司前身是西藏5100水资源，主打产品为

5100冰川矿泉水，产品质地虽好，但营销平台小，未能充分发展。2007年公司与中铁快运建立战略合作关系，合作重点就是将西藏水资源有限公司生产的以5100为代表的天然饮用水交由中铁快运公司在其运营系统上销售，就是这一营销创新使得公司销售猛增，2011年在香港上市时西藏水资源有限公司股价4.45港元。2015年6月西藏水资源有限公司与中铁快运结束战略合作关系，旋即对企业经营带来巨大冲击，销售出现低谷，股票市值出现新低。为度过难关，西藏水资源有限公司于2016年初将西藏5100公司更名西藏水资源，并先后与国航、中石化及中国邮政订立新销售协议，与建银国际和工银国际、茅台集团等建立新战略合作关系。通过这些新的具有划时代意义的战略合作模式，公司迅速推出平民化的格桑泉系列新产品，并依托中石化等平台建立起5100冰川矿泉水和格桑泉全国经销系统。2019年西藏水资源有限公司三个主打产品种，高端产品5100冰川矿泉水在天猫官网每500ML售价6.2元、格桑泉优质产品在天猫官网每500ML售价4元，公司联营公司西藏高原天然水有限公司生产的卓玛泉高端水每500ML售价4元以上。2017年5100冰川矿泉水销量尽管低于2015年前水平，但比2016年上升34%，格桑泉上升56%，5100冰川矿泉水销售收入比2016年上升14%，格桑泉上升47%。2017年卓玛泉销量22.14万吨，增长22%，由于易捷便利店折扣促销等原因，使公司实际销售收入当年下降2%。[①]

二、西藏天然饮用水产业发展的问题与形势研判

（一）西藏天然饮用水产业发展的问题

西藏天然饮用水产业发展在取得上述成就的同时，也存在着一些不容

---

① 杨森.新时代西藏天然饮用水产业高质量发展研究[J].西藏民族大学学报（哲学社会科学版），2020—05—15.

忽视和亟待解决的实际问题。

1.西藏天然饮用水产业发展表现出显著不平衡和不充分性。造成西藏天然饮用水产业发展不平衡和不充分性的表现多样，集中体现在：企业实力不强、规模小，部分企业经营困难，现代化经营程度不高，各地市所在地的中心城市发展基础好、发展速度快，绝大农牧区、边远地区和边缘地区发展缓慢。当然，造成西藏天然饮用水产业发展不平衡和不充分的原因是多样的，从区域布局层面看，西藏天然饮用水实体主要集中在拉萨及其它六个地市所在地的中心城市和节点城镇，边远地区和广大农牧区分布少，这既是西藏天然饮用水产业区域发展不平衡的写照，也是造成发展不平衡的重要因素。从资源支撑经济发展层面看，西藏天然饮用水产业发展提质增效主导因素是特色优势资源和特殊优惠政策，由此决定西藏天然饮用水产业发展具有鲜明的优势资源推进型和优惠政策扶持型相结合特征，为此特色优势资源潜力挖掘能力和特殊优惠政策运用程度将决定西藏天然饮用水产业发展程度。

2.西藏天然饮用水产业发展受特殊区情影响大。西藏作为我国重要边疆省份，具有特殊自然条件、特殊经济发展状态、特殊国家战略定位，这一特殊区情制约着天然饮用水产业发展。第一，特殊自然条件因素。众所周知，西藏国土面积大，海拔高，地形复杂，边境线长。地域广阔意味着西藏天然饮用水产业发展对道路交通通讯等基础设施要求高、投资大；海拔高、地形复杂意味着西藏天然饮用水产业发展的投资周期长、成本高、风险大、收益低；边境线长意味着西藏天然饮用水产业发展会受到一定程度地缘政治因素影响。显然，上述自然条件因素从投资和供给端制约着西藏天然饮用水产业发展步伐。第二，特殊经济社会因素。受多种因素影响，西藏经济发展总体表现出宏观体量不大且人均GDP额度小、产业现代化程度低且行业差距大、人口总量少且区域分布不均的特殊性。这一特殊经济发展状态意味着西藏天然饮用水产业发展可以来自于区内的资金、技术、消费支持比较有限，产业行业发展壮大更需要大量来自其它省市的资金、技术、消费市场支持。显然，上述经济社会因素从需求与供给两端严重制约着西藏天然饮用水产业发展。第三，特殊国家战略定位。西藏是国家安全屏障、生态安全屏障、战略资源储备基地、高原特色农产品基地、中华民族特色文化保护地和世界旅游目的地。这一特殊国家占领定位意味着西藏天然饮用水产业发展必须立足国家战略需要通盘谋划，也同时意味着西藏天然饮用水产业发展安排天然饮用水产业发展必须有利于国家安全屏障建设、生态文明建设以及战略资源储备基地、高原特色农产品基地、中华民族特色文化保护地和世界旅游目的地建设，必须立足优势资源保护、特色产业发展、优秀文化保护传承、旅游资源保护开发需要发展天然饮用水。上述因素综合起来造就西藏天然饮用水产业发展的资源基础好，特色突出，优势明显，但内生动力不足。①

3. 西藏天然饮用水产业产能过剩，创新营销压力大。调查显示，西藏天然饮用水产业产能过剩，营销创新压力大。2014年西藏天然饮用水规模以上企业4家，年产量过万吨企业2家，其销量仅占设计产能的6.7%，2018年西藏天然饮用水总产量70万吨，销售量68万吨，仅占设计产能的10%左右。当然造成西藏天然饮用水产业产能过剩的原因是多样的，既有相关职能部门盲目鼓励发展的因素，当然也有大量企业急于进入西藏市场、占领优质资源的原因，更有市场主体对于地方优惠政策的套取考虑。毫无疑问，无论哪种意图都形成一个不争的事实，那就是巨大的西藏天然饮用水产业产能必须尽早找到合适销售渠道，最终使之消化，这是摆在各级各界面前的重大问题。顺着这个逻辑，再来考察西藏天然饮用水产业销售情况，会发现一个事实，那就是哪怕是西藏水资源有限公司这样的行业龙头

---

① 杨森. 新时代西藏天然饮用水产业高质量发展研究[J]. 西藏民族大学学报（哲学社会科学版），2020—05—15.

企业，也必须借助重要的扶持平台才能实现稳步发展壮大。如西藏水资源有限公司2007年将其产品嫁接到中铁快运平台上，当年就实现巨大发展，2015年6月公司与中铁快运结束合作关系，就使企业走入低谷，虽然后来在2016年初与国航、中石化及中国邮政等订立新销售协议，也与建银国际和工银国际、茅台集团等建立新战略合作关系，并同时开拓出格桑泉和卓玛泉新品牌，但依然未能达到2015年经营业绩。这一事实说明，西藏天然饮用水产业发展离不开特殊优势资源支撑，这是其品质保障的前提条件，也离不开特殊优惠政策扶持，这是其最终实现适度做大、全面做优、最终做强的保障。①

（二）西藏天然饮用水产业发展的形势研判

西藏天然饮用水产业发展总体形势可以概括为：优势劣势并存，机遇挑战共在。具体而言，西藏天然饮用水产业发展的优势表现在产品资源基础好，品质优良，国内同类产品对其替代性差；西藏天然饮用水产业发展的劣势表现在行业中的企业数量多但单体规模小、且单体投入不足、经营分散并自成为小而全的独立体系，集团优势无法发挥。再加上整个行业运输成本高，市场推广力度不够，导致整个产业行业知名度低，过多依赖于区内而导致市场狭小和市场覆盖面严重不足；西藏天然饮用水产业发展的机遇表现在伴随国内市场迅速崛起和其它省市城乡居民对优质西藏天然饮用水产生的巨大现实需求，再加上国家各种特殊优惠政策的大力扶持，多种因素共同作用为西藏天然饮用水生产、营销提供更多营销通道和创造更大的发展空间；西藏天然饮用水产业发展的挑战表现在国内天然饮用水行业市场整体竞争大，关停并转和重组风险大、经营压力大。②

---

① 杨森.新时代西藏天然饮用水产业高质量发展研究[J].西藏民族大学学报（哲学社会科学版），2020—05—15.
② 杨森.新时代西藏天然饮用水产业高质量发展研究[J].西藏民族大学学报（哲学社会科学版），2020—05—15.

三、西藏天然饮用水产业发展的定位与对策

西藏天然饮用水产业要获得持续稳定发展动力,必须在全面分析和客观研判西藏天然饮用水产业发展形势基础上,通过明确天然饮用水产业发展总体定位、坚定走中高端天然饮用水发展之路、创新营销平台,实现适度做大、全面做优、最终做强的产业发展目标。

(一)西藏天然饮用水产业发展的基本定位

基于对西藏天然饮用水产业发展总体形势研判,作为国内天然饮用水市场重要组成部分的西藏天然饮用水产业,需要围绕深入推进以补短板为主要内容的天然饮用水产业供给侧结构性改革为主线,深挖特色、激活优势、抢抓机遇、创新品牌、拓展营销、化解过剩产能,实现以适度做大、全面做优、最终做强为重点的发展目标,使西藏天然饮用水产业既能带来壮大企业实力的经济效益,也能带来惠及民生的社会效益。

具体来讲:第一,补短板。从长远看制约西藏天然饮用水产业发展短板主要是产品升级慢和科技投入少。其中,产品升级慢表现为大部分天然饮用水生产企业只重视瓶装水、特别是普通瓶装水生产,不重视桶装水、玻璃瓶装水和小区、社区集中供水点网络建设,这使得大部分天然饮用水生产企业失去大量区内市场和其它省市高端市场。为此,从产品升级换代层面,近期应着力发展桶装水和加大区内重点城市社区、小区集中供水点管网系统建设,提高区内市场占有率,逐步解决西藏有大量优质天然饮用水但市场上大量充斥着其它省市生产的国内著名天然饮用水品牌的尴尬局面,同时加大玻璃瓶装水生产能力,提高其它省市高端饮用水市场占有率。科技投入不足表现为一部分天然饮用水生产企业生产设备和技术老旧、现代化新型设备不足,为此加大科技投入主要是指要提高天然饮用水生产企业生产、销售设备的更新换代速度,整体性提升西藏天然饮用水行业设备技术含量,夯实天然饮用水产业发展的硬件基础支撑。从近期看制约西藏

天然饮用水产业发展的最大短板是销售渠道窄、销路不畅。调查发现，西藏天然饮用水行业大部分生产企业其生产规模受限，开工不足、设备出现大量闲置，究其原因主要是因为企业生产出的产品卖不出去、出现大量库存和积压。解决办法就是要强化西藏好水推广营销，搭建体系化、多主体参与、广泛覆盖、形式多样的营销网络平台，扩宽西藏好水品销售渠道。工作重点是在政府相关部门大力协助下，充分利用援藏平台、挖掘消费援藏潜能，把更多西藏好水销售到其它省市去，这既是由西藏人口少区情所决定的，也是由西藏接近700万吨产能所决定的，如果不将大量的西藏好水产品销往其它省市、推向全球，接近700万吨巨大产能化解就是天方夜谭、无源之水、无根之木；第二，深挖特色。主要是指西藏天然饮用水企业一定要立足西藏特殊区域文化，深挖西藏好水内在品质，通过讲好西藏好水的文化故事，做好西藏好水的天然文章，树好西藏好水的纯净形象，讲好西藏好水的人文故事；第三，激活优势。主要是要发挥好特殊优惠政策优势特别是援藏政策优势，让更多其它省市援藏干部帮助西藏企业推销西藏好水，让更多其它省市城乡居民熟悉优质的西藏好水、喝上用上货真价实的西藏好水；第四，抢抓机遇。主要是指西藏天然饮用水企业要抓好全面建成小康社会历史机遇，抓好国内经济转型时代机遇，抢先占领市场；第五，创新品牌。主要是指西藏天然饮用水企业不能仅仅盯住现有少数优质品牌，要以现有成熟品牌为基础，依托政府平台，加大资源整合，不断培育开发新的适销对路品种，实现西藏天然饮用水品牌传承与创新；第六，实现以适度做大、全面做优、最终做强为主要内容的发展目标，主要是指由于西藏天然饮用水企业规模参差不齐、良莠有别，由此决定西藏天然饮用水产业发展不能贪大求阔，不能寄希望于短期内全面出击、整体推进，而应一丝不苟地坚持走中高端天然饮用水产业发展之路，分阶段、分步骤采取适宜举措，实现适度做大、全面做优、最终做强的产业发展目标。近期重点是依托特殊优惠扶持政策，构建以援藏为主要内容的创新型产业发展的营销平台。①

（二）西藏天然饮用水产业发展的对策建议

1.坚定走中高端天然饮用水产业发展之路。西藏天然饮用水产业的产品定位应走中高端发展之路。一般而言，中高端天然饮用水产品必须具备三个条件：水质、品牌、渠道。高端水产品即拥有食品属性又拥有奢侈品属性，高端水企业在生产经营、市场宣传中，必须始终以对消费者客观、负责的态度，提高水质，并通过品质提升积聚品牌核心竞争力，最终依托水质和品牌建立起稳定的营销渠道和现代化、开放式的销售网络体系。调查中，优质稳定的营销渠道和现代化、开放式销售网络体系对高档天然饮用水生产企业发展具有深远影响，以上文分析涉及到的西藏水资源有限公司为例，公司与中铁快运解约后，通过努力在2017年建立起拥有覆盖一百多个城市和超过15000个零售网点的营销网络体系，还通过中石化加油站系统销售卓玛泉等产品，这虽在一定程度上缓解公司因为解约而产生的压力，但从公司解约后的销量变化看，公司现有销售渠道和网络体系还是无法满足发展的内在要求。

2.创新西藏天然饮用水产业发展的营销平台。综上所述，西藏天然饮用水产业发展的核心是要把更多西藏好水销售出去，使更多西藏好水走出西藏、走向全国、走向全世界，在加速消化过剩产能基础上，推动西藏天然饮用水产业和行业发展，因此近期工作重点就是要围绕搭建完善的高品质发展的营销平台，重点做好如下工作。

第一，政府出面为西藏好水做广告。国内天然饮用水市场竞争激烈，以西藏天然饮用水产业行业领域的单体企业现有规模和能力，独立自主、单打独斗地拓展其它省市乃至国际市场难度很大，就单纯的产品营销费来

---

① 杨淼.新时代西藏天然饮用水产业高质量发展研究[J].西藏民族大学学报（哲学社会科学版），2020—05—15.

说就已经是西藏天然饮用水行业单个企业难以独立承受的。以西藏水资源有限公司为例，企业 2017 年和 2018 年包括啤酒在内销售费用为 1.16 亿元和 1.2 亿元，而恒大集团为发展其旗下的恒大冰泉饮用矿泉水，这一品牌 2013 年上市，2014 年广告的采购总额 9.32 亿元。2015 年的广告总额 14.85 亿元，远高于同期西藏水资源有限公司等天然饮用水企业的销售收入。既然西藏天然饮用水企业没有能力在全国范围内做广告、构建营销网络平台，就可以在挖掘自身优势、特色和潜力基础上，依托中央赋予西藏特殊优惠政策，通过加强沟通协调，将西藏好水营销嵌套于西藏各级地方政府与援藏省市和国有企业在其它省市搭建的营销平台上，使更多西藏好水能在内地市场打开销路。各级政府通过援藏途径已建立起很多双边特色产品营销平台，政府为西藏好水做广告、找出路已经成为拓展销路的常态，未来应将西藏好水在各种视频广告中描述优点，转向以品质推广为基础，加强西藏好水内涵挖掘和健康文化展示，打造西藏好水高端形象，带动中低端好水品牌扩大营销。

第二，加大对西藏天然饮用水产业领军企业的扶持力度。在充分挖掘西藏水资源有限公司在香港上市及由此带来的显著营销效应基础上，逐步推广西藏水资源有限公司收购高地天然水务有限公司股权、收购专门制造与分销水产品的山南雅拉布实业有限公司权益等活动取得的成功的基本经验，以西藏区属国有企业混合所有制改革为契机，以西藏好水推广为主题对西藏天然饮用水企业进行营销整合，组建西藏好水营销集团，由各级政府牵头构建统一营销平台、采取统一广告设计，将西藏好水其它省市市场拓展纳入援藏计划，在区内可以消除不同天然饮用水企业之间的恶性竞争，对外则可以激活西藏天然饮用水行业的规模优势，以期为西藏天然饮用水产业发展构建起优质的长效营销平台。

第三，鼓励支持西藏天然饮用水企业加强与大型企业的战略合作。实践表明，西藏水资源有限公司与中铁快运、中石化以及其他国内大型企业的销售合作是成功的、有效的和双赢的市场化合作模式。这些合作模式虽然主要采取比较原始的集团采购法，但在西藏天然饮用水产业行业发展早期，这种以集团采购法为主的合作模式对于行业发展和企业资本积累无疑提供重大支持。在推动西藏天然饮用水产业发展过程中，一定要加强与其它省市大型企业尤其是国有企业开展更深层面的战略合作，依托大型企业成熟的营销网络，并使这些大型企业通过战略合作参与到西藏天然饮用水产业发展中来，让西藏好水走出西藏、走向全国、走向世界、走进千家万户。[①]

[①] 杨淼.新时代西藏天然饮用水产业高质量发展研究[J].西藏民族大学学报（哲学社会科学版），2020—05—15.

第五章 西藏绿色矿业发展专题

一、西藏矿业发展的基础与成就

（一）西藏矿业发展的基础

位于我国西南边陲的西藏，拥有极为特殊的地质构造，地处全球三个重要成矿带，具有很好成矿条件，矿产资源十分丰富，开发潜力大。据统计，截至2020年底，西藏发现矿床、矿点及矿化点3000余处，我国已发现171个矿种中，西藏拥有其中的102种。发现的能源矿产5种，查明资源储量的3种；发现金属矿产31种，查明资源储量的14种；发现非金属矿产64种，查明资源储量的24种；发现油气矿产2种，查明资源储量的1种。查明矿产资源储量的矿产中有12种居全国前5位、18种居前10位，铬、铜保有储量位列全国第一。其中，铬资源发现60处矿化点，75%的国内铬矿自供给部分来自西藏；铜资源发现矿床点329处，其中大型11处、中型6处、小型8处，另有矿化点304处，铜资源潜力3000万吨以上，占全国总量50%以上；铅锌银金属资源发现矿床35个。其中，大型4个、中型4个、小型27个，另有矿化点274处，其中，铅锌资源潜力超过1500万吨，占全国总量30%以上，银资源潜力超过2万吨；铁资源发现矿产地160多处，初步探明资源储量25处；锑资源发现50余处矿床点和矿化点。其中，大型矿床1处，中小型矿床7处；金资源发现200余处金矿床、矿化点，有近10处伴生金矿达到或接近大型规模；盐湖矿产发现大于1平方公里的盐湖490个，其中发现盐湖矿床点100余处，卤水富含硼、锂、钾，至少有4处盐湖碳酸锂资源远景达到大型，资源潜力巨大；油气资源圈定

5个很有找矿远景的含油盆地,其中面积近18万平方公里的羌塘盆地显示出巨大找油潜力。虽然西藏矿产资源勘察力度还远远不够,但就这仅有的勘察范围内就已经查明如此多的矿产资源,很多矿产在全国矿产资源储量中名列前茅,绝大多数矿产资源还未得到合理开发利用,随着国内外市场上对矿产资源需求越来越大,充分利用自身资源优势发展矿业无疑是促进西藏经济发展的重要途径。近年来随着国家对西藏经济发展大力支持,基础设施条件有很大改善,尤其是铁路和航空运输业发展为西藏引进高科技人才和技术创造良好条件。"十四五"期间,西藏将在中央大力扶持下进一步改善交通等基础设施条件,加大对矿产资源勘察力度,西藏将迎来矿业发展历史性机遇,矿业开发前景十分广阔。

(二)西藏矿业发展的成就

新中国成立后,西藏矿业经历由小到大、由弱到强的发展过程,在传统经济结构中产生异质性的经济因素,为西藏经济社会发展带来新动力。

1. 和平解放前的矿产资源开发尝试。和平解放前各历史时期,西藏矿产资源都曾有过开发尝试。晚清时期,受维新思想影响较深的张荫棠和联豫主政西藏期间,他们很重视西藏矿产开发。张荫棠指出"西藏五金煤矿,冠绝全球,应妥定章程,任民开采。"联豫在向清廷的奏稿中指出"藏中各处矿产,亦已派人会同番官分道前往探采。"民国时期,西藏考试矿业开发,曾派人留学英国专攻矿业,但囿于保守势力抵制、技术水平低下等因素,[①]这一时期西藏矿产资源开发未能获得实质性推进,因而未能在西藏促生出现代意义上的矿业经济。

2. 和平解放后的矿产资源初步开发。严格意义上的现代矿业始于西藏和平解放之后的探查矿点和采集样品。1955年,中央派出专门矿产勘察队进藏寻找经济发展所必需的矿产资源,提高西藏采矿能力,铬铁、硼砂、

---

① 李国政. 新中国成立后西藏矿业发展述论[J]. 河南理工大学学报(社会科学版),2019—01—09.

黄金和煤都成为探查和采集重点，其中硼砂开采较为突出。硼砂开采始于西藏和平解放前，有民间淘采硼砂，当时原始手工作业与现代矿业相去甚远。和平解放后，国家开始对西藏硼砂进行大规模开采。1956年3月，由化工部、四川化工工程公司、西藏地质局三家单位组成筹建处，开始建设西藏境内第一座化工厂——班戈湖硼砂厂，由青藏公路交通运输管理局管理。同年，西藏工委接管青藏公路交通运输管理局正在建设的硼砂厂和纳赤昆仑硼砂厂，组建班戈湖硼砂厂筹建处。1959年，班戈湖硼砂厂与纳赤昆仑硼砂厂合并，成立西藏化学工业一厂，是西藏历史上第一座化工厂。

3.民主改革后的矿产资源加速开发。西藏矿产资源丰富，民主改革前仅进行小规模开采，尚未系统开发。民主改革后，随着经济建设步入正轨，矿业快速发展。在整个西藏现代工业体系中，矿业占有重要地位，重要性超出机械制造业，与电力工业相当。这一时期西藏矿业开采的重点包括金属和煤矿开采。

第一，金属开采。西藏黑色和有色金属资源丰富，开发历史悠久。和平解放前，由于落后政治体制及社会制度，使这些资源一直没有得到有效利用。民主改革后，为改变西藏经济落后面貌，充分利用西藏资源，西藏开展大量矿产资源开发勘探。西藏铬铁矿资源集中在藏南、藏北两个超基性岩带内，具有储量大、品位高、铬铁比高、有害杂质少等特点，主要有罗布萨铬铁矿、香卡山铬铁矿、康金拉铬铁矿、仁布铬铁矿、那曲依拉山矿区、东巧铬铁矿等矿区。铁矿资源主要有拉萨铁矿区、加多岭铁矿区、安多县邦爱乡铁矿、察雅县卡贡铁矿、察雅县吉塘铁矿、亚东县铁矿、八宿县铁矿和江达县玉龙铁矿。除单独矿床外，共生和伴生铁矿多，例如昌都玉龙铜矿的共生铁矿，储量8000万吨。

西藏铜矿储量丰富，已发现铜矿床6处，其中玉龙铜矿储量650万吨，为全国第二大铜矿床。西藏黄金成矿地质条件好，资源丰富。和平解放前，虽然有不少国内外地质工作者进行过调查，发现阿里、山南等地区部分黄金矿产地，但未进行系统勘测。和平解放后和民主改革后，国家组织地质工作队开展一系列地质勘查，发现不少黄金矿，进行砂金地质分析。

总体上说，民主改革后到20世纪80年代，西藏由于受到特殊政治经济形势影响，开采黄金技术水平较低，导致这一时期黄金开采处于停顿状态。梳理矿产开发文献，发现这一时期金属采掘业主要围绕铬铁矿进行，其他金属例如铜矿和金矿等开采不多，大规模开采在20世纪80年代后期开始，即使大规模建设的东风铬铁矿，也存在开采技术水平低，规模小，成本高的缺陷。

第二，煤炭开采业。煤炭在西藏开采利用始于近代，20世纪20年代起，一些居民开始采挖泥炭，以补充生活燃料。民主改革前，西藏煤炭工业几乎是空白，随着新社会制度确立，煤炭工业从无到有，进入新发展时期。1951年郭沫若亲自组织中央文委西藏科学工作综合考察队进藏科考，这是第一次在西藏进行的系统的、有组织的地质调查，为西藏煤田地质勘查提供重要依据。1959年成立的土门格拉煤矿是西藏境内的第一家国营煤矿，由此拉开西藏煤矿建设序幕。20世纪70年代，由于"小三线"建设以及自治区广泛开展"五小工业"（小煤矿、小化肥厂、小农机厂、小钢铁厂、小水泥厂）运动，工业用煤骤增，促使西藏煤矿纷纷建立，西藏煤炭开采进入鼎盛时期。至1975年，西藏煤矿34座，其中土门格拉、马查拉、东嘎等煤矿快速发展，代表当时西藏煤炭开采技术和管理水平飞速提高，推动西藏采煤业迅速发展。①

4. 改革开放后的矿业转轨探索。进入20世纪80年代后，西藏矿业随着经济改革而转变。矿业体制改革围绕企业经营机制转换而展开，对矿业资源基础不清、矿质低劣、成本高、亏损严重的企业予以关停并转，对有发展潜力的企业完善各项规章制度，加强自身建设。在企业经营方面，逐

---

① 李国政.新中国成立后西藏矿业发展述论[J].河南理工大学学报（社会科学版），2019—01—09.

步推行矿长负责制，实行承包经营责任制，注重企业内部潜力挖掘和增强企业活力。随着改革不断深化，西藏矿业也从单项改革转向系统联动，围绕地勘产品商品化、地勘单位企业化以及经营管理企业化等目标深化，矿业改革取得一定成效。随着《西藏自治区集体矿山企业和个体采矿管理办法》颁布，西藏矿业逐步走上法制化轨道。经过改革调整，西藏矿产采掘业形成以铬矿、硼砂开采为龙头，黄金工业异军突起，煤炭工业调整转型，其他矿业全面发展局面。

第一，硼砂开采业。20世纪80年代中期，西藏硼砂开采掀起第二次高潮（第一次是60年代），得益于国内化工、建材行业需求增大。90年代以后投入西藏硼砂开采的企业愈来愈多，开采规模逐渐扩大。例如，阿里地区资源开发公司1990年开采硼砂2500吨，1991年开采硼砂7800余吨；1995年生产硼镁8403吨，利润518万元，次年即突破万余吨，利润600余万。

第二，黄金开采业。西藏黄金开采久已有之，受制于落后经济发展水平，一直得不到系统化和规模化采掘。西藏现代黄金工业始于20世纪80年代。1986年，西藏开办三家金矿，分别是安多县的拉日曲金矿、班戈县的卡足金矿、尼玛县的达查金矿。90年代中期前，西藏除少数金矿采掘采用机械外，大多数依然采用传统土法采掘，基本处于开采初级阶段，开采率、回采率和贫化率高。进入90年代中期后，西藏黄金开采业进入大发展时期，矿山逐年增多。相关资料统计，1986年，西藏黄金产量1.6公斤，1999年，西藏黄金产量达到1000公斤。黄金采选技术水平明显提升，形成以机械开采为主、人工开采为辅的发展格局。

第三，煤炭工业。20世纪80年代是西藏煤炭业调整期。受限于西藏特殊地理因素，煤炭开采、运输和加工成本高，达到吨煤150元左右，销售价格低，只有50元左右，形成产销成本倒挂，煤矿企业亏损严重。至1990年，西藏仅有马查拉煤矿、瓦达煤矿等煤矿勉强维持生产，总体生产能力大减。

体制探索时期，西藏矿业在保持原有矿产开采种类的基础上，新开采一些矿种，取得突破。然而面对改革大潮，西藏矿业一直处于计划管理下，大部分矿产企业市场竞争的承受力低，加之扶持政策缺失，导致这一时期的西藏矿业发展与其它省市相比，开采加工程度低，开采投入不够。1993年，西藏矿业完成投资4,658万元，只占当年总投资额的2.8%；技术落后，土法开采盛行；组织结构不合理，开采管理脱节，开发处于无序混乱状态，造成资源浪费，制约西藏矿业良性发展与顺利转轨。

5. 西藏矿业转型发展。进入21世纪以来，西藏矿业迎来良好发展机遇，中央第六次西藏工作座谈会及其制定的援藏政策为西藏矿业发展提供支持，生态文明建设和新型工业化道路为西藏矿业更新发展理念。"中国特色、西藏特点"发展道路为西藏矿业特殊发展方式提供依据和路径。

随着市场经济深化发展，以开发矿产为主的西藏矿业发展股份有限公司上市交易，在市场上公开募集资本，成为西藏较早的上市公司之一，显示矿产资源开发在西藏经济发展中的重要性。但是，西藏矿业发展与生态环境保护之间的矛盾愈加引起重视。一方面，中央提出要将西藏建设成为"重要战略资源储备基地"，西藏矿产资源处于"备用"状态；另一方面，西藏是重要的国土功能区，西藏禁止开发和限制开发区域面积约占西藏土地面积的70%，占全国禁止开发和限制开发区域面积的20%。西藏矿产资源一方面需要开发利用，另一方面又要保护限制开发，解决这个矛盾的关键就是统筹协调、科学发展。西藏矿业开发利用应该具有重要的经济效益和社会效益，如果开发得当，可以减轻矿产资源开发利用对生态环境的破坏压力。因此，以生态文明理念统筹西藏矿业发展，在新型工业化道路下，使西藏走出一条特色生态矿业开发道路，从而实现经济效益、社会效益和生态效益统一，是西藏矿业转型、深化改革和实现高质量发展的应有道路和必然趋势。[①]

---

① 李国政. 新中国成立后西藏矿业发展述论[J]. 河南理工大学学报（社会科学版），2019—01—09.

综上所述，与世界上绝大多数地区发展模式不同，西藏第二产业比重小，地方财政收入少，要想摆脱这种现状，必须推动第二产业发展，为西藏国民经济发展提供强大动力。而矿业作为西藏工业中的特色产业之一，它的健康发展势必会对西藏乃至全国产生重要影响。纵观世界各国工业化和现代化步伐，无不与矿产资源开发利用密切相关，因为矿产资源是人类社会生活资料和生产资料的来源。西藏要跳过工业化直接进入现代化显然不符合实际情况，西藏必须走工业化发展道路，而要实现工业化发展道路，必然离不开矿产资源合理开发利用。随着经济社会发展，虽然在国民生产总值和工业生产总值中，矿业产值相对比例减少，但是，却对矿产资源种类需求越来越大，数量越来越多，这就意味着矿产资源基础性地位不仅没有改变，相反矿业在社会经济生产活动中的地位作用越来越突出。

"十三五"时期，西藏按照"一产上水平，二产抓重点，三产大发展"经济发展战略，有重点发展优势矿业，形成藏中、藏东和藏西地区三大开发基地。将西藏潜在矿产资源优势转化为现实经济优势，不仅能够促进西藏经济发展，造福西藏人民，而且有利于推进区域经济协调发展，推动不同地区之间资源优势互补，为实现各族人民共同繁荣富强发挥重要作用。矿产资源合理开发、高效利用不仅可以转移农牧区劳动力，促进群众生活水平提高，同时可以带动相关产业发展，从而促进西藏发展。另外，西藏矿业发展好，将会缓解国内矿产资源紧缺现状，从而与国内其他地区形成资源互补。因此，西藏充分利用自身资源优势发展矿业非常必要。

二、西藏绿色矿业发展存在的问题与形势研判

（一）西藏绿色矿业发展存在的问题

1.特殊地理环境对矿产资源开发带来一定限制。西藏地理环境特殊性为矿产资源合理开发带来巨大挑战。西藏平均海拔4000米以上，素有"世

界屋脊"和"地球第三极"之称，地质结构复杂，生态环境脆弱，一旦遭到破坏很难恢复；而矿产资源开发很容易引发地质灾害，对草场造成破坏，对地表环境造成污染，因此，西藏要发展矿业，必须比任何一个地区都要更加注重生态保护。

2. 交通不便不利于矿业发展。交通不便使矿业发展受到很大限制，开采成本大。矿产资源开发很大程度上依赖于基础设施，尤其是运输和电力。尽管随着"青藏铁路"和众多公路开通，西藏交通条件得到很大改善，但与其它省市相比交通条件还比较落后，再加上西藏地域辽阔，矿点相对分散，开采成本大。

3. 地质勘察工作程度不高。部分已开发矿山地质资料仅为预查，矿产资源勘察力度不够。全国绝大多数地区已经完成1：20万区域的地质勘察，而西藏由于受各种因素制约，仅完成面积16%的勘察。这就意味着西藏较低程度的矿产开发状况不能满足矿业开发需要，增加矿业企业风险，使资源不能有效利用。西藏地质勘察有待完善，以明确西藏自身拥有矿产资源的情况，为矿业合理开发利用奠定基础。

4. 矿产资源的开发利用程度低，科技含量不高。西藏矿业起步晚，还处于粗放式发展阶段，矿产资源开发利用程度低，开发过程中高科技工具利用少，多数中小矿山企业开发方式简单，技术条件不高，部分区域的生产作业还比较粗放，大多处于卖原料的初级阶段，精加工和深加工不足，因而抵御市场经济风险的能力差，再加上投资渠道不畅，限制矿业发展，要使其真正成为特色支柱产业还需要一段时间。

（二）西藏绿色矿业发展的形势研判

西藏绿色优势矿业具有重要意义，在维护国家战略资源安全格局中需要发挥重要作用，但在历史上西藏矿产资源开发和矿业经济发展并未像其它省市一样大规模有序进行。由于受自然环境、地理位置、传统思维和经济社会发育程度等因素制约，西藏矿业具有典型的"嵌入型"特征。西藏矿业发展既离不开基于资源禀赋的内生因素，更离不开国家强力支持，以对口援藏为主要体现形式的总体供给模式还会在长时期内发挥主导功能。出于全国一体化发展考虑，中央政府有计划地在西藏建立现代工业部门，发展矿业、能源电力工业、交通运输业、商业，奠定西藏矿业发展基础，改变传统经济结构。但在相当长时期内，西藏矿业发展多由政府主导、受外部援助开发，①造成经济效益偏低问题。从中央与西藏关系来看，西藏经济每一次大发展都是在中央政府主导下完成的，西藏发展既是其本身不断从低级形态到高级形态的演化，也是中央政府努力将其纳入到国家整体发展框架中的尝试。西藏矿业发展不仅仅代表着一个重要产业的出现，更是中央与西藏关系紧密的一种体现。

三、西藏绿色矿业发展的定位与对策

（一）西藏绿色矿业发展的基本定位

西藏优势矿业发展具有的鲜明特殊定位：第一，西藏矿业发展离不开政治社会稳定。"文革"时期，受"左倾"错误思想的影响，西藏矿业发展存在很多冒进和不切实际的行为，一些效益低下的项目造成很大浪费。因此，西藏矿业要想健康有序发展，必须保证良好宏观发展环境。第二，西藏矿业在发展过程中需要加强法制建设，强化矿业开发监督管理。根据整体矿产资源开发利用规划、产业政策和市场供需状况，合理编制矿业权设置方案，制定矿业权年度投放计划。对采矿权申请人必须进行具备开发矿种及规模相适应的资金实力、专业技术人员、设备、行业经验等严格评估，提高开发主体准入条件和资格审查力度，避免进藏资源开发"一哄而上"乱象，保障西藏矿业开发健康有序。第三，西藏矿业融入全国总体发展同

---

① 李国政. 新中国成立后西藏矿业发展述论[J]. 河南理工大学学报（社会科学版），2019—01—09.

时,需要彰显自身特殊性。西藏矿业发展必须纳入到全国整体发展格局之中,在此基础上走特殊发展道路。从和平解放到民主改革再到改革开放,西藏矿业发展大体上与我国工业化保持一致。但西藏矿业发展又具有很多特殊性,必须重视矿产开发与西藏社会、文化、生态的融合度,在生态文明和绿色发展理念统领下推动西藏矿业实现绿色和谐发展。第四,西藏矿业发展必须坚持新型工业化道路,实现矿业发展新突破。由传统开发道路转变为新型工业化道路是西藏矿业发展的必然选择。西藏和平解放70年来,西藏矿业发展道路带有明显传统性,发展方式带有明显粗放性,致使矿业科技含量低、经济效益差、环境破坏严重。需要走集约化、规模化、现代化矿业发展道路,立足要素禀赋,增加科技含量,开发特色优势矿产资源。加大资源整合和企业重组力度,组建特色矿业集团,实现规模化经营,形成集约、高效、协调矿山开发格局。[①]

(二)西藏绿色矿业发展的对策建议

基于以上考虑,"十四五"期间西藏绿色矿业发展路径应该是:在生态文明建设大背景下,西藏矿业发展必须在坚持保护生态环境前提下,促进矿产资源有效合理地开发利用,坚持使用科学高效的采矿方法,协调矿业发展的生态效益和经济效益。坚决保护好生态环境,坚持保护中开发、开发中保护,全面探索西藏绿色矿业高质量发展之路。

1. 西藏绿色矿业发展基本原则。坚持有序发展和严格把控生态底线的基本原则,明确西藏矿产种类和储备量,引进和研发绿色矿业开采技术,对锂为主的盐湖矿产,铜、铅、锌等优势资源有计划地开发利用,加强对矿区环境保护,促进西藏绿色优势矿业保护性开发。

2. 西藏绿色矿业发展重点领域。第一,加大对西藏矿产资源的科考勘察力度。在保护生态环境的前提下,加大对矿产资源勘察,明确资源储备。

---

① 李国政.新中国成立后西藏矿业发展述论[J].河南理工大学学报(社会科学版),2019—01—09.

弄清楚矿产资源拥有量，为西藏矿业高质量发展奠定坚实基础，增强矿业发展后劲才有可能推行西藏矿业业高质量发展。要把西藏资源开发利用放到突出位置，加大投入，加快勘探，摸清家底，推进开发，造福西藏。对于已知的矿产资源，不能不开发，也不能乱开发，关键是有序有效开发。就矿产勘查采选而言，重点是开展对西藏现有矿产存量和质量勘查，加大对铜、锂、铬、锌等优势资源勘查评估力度。在保障生态环境前提下有序开采，强化对总量配额指标执行情况监督，促进矿山企业采用先进技术提高矿产资源开发利用率。

第二，矿产资源深加工。依托工业园布局有色金属加工和资源综合利用产业基地，对优势矿产资源进行深加工，积极延伸产业链，提升矿产品附加值。推进铜、钼、锌的深加工和以锂为主的盐湖资源开发。

第三，发展方式。依托龙头企业，实现资源高效利用和绿色发展。一是，加大优势矿产资源整合力度。科学划分资源整合区块，合理设置矿权。提高矿业开发准入门槛，扶持一批高资质、规模化、集约化的现代矿山企业，关停整合实力不强的企业。依托区内大型矿产企业或引进具有一体化深加工产业链的大型知名企业，借助企业兼并重组和资本运营进行产业战略性重组，加快组建西藏矿业集团，促进矿产资源规模化、集约化开发。二是，建设绿色矿山，推动优势矿业发展方式转变。按照建设绿色矿山的标准改造原有矿山，制定符合绿色矿山建设要求的设计标准，推动新建矿山按照绿色矿山标准要求进行规划、设计、建设和运营管理。加快绿色环保技术工艺装备升级换代，加大矿山生态环境治理力度，大力推进矿区土地节约集约利用和耕地保护。

第四，规范矿业开发的市场准入制度。随着矿业开发的深入，西藏矿业粗放型开发和管理薄弱等问题显露，矿业开发对生态环境已经造成一定危害，同时开采过程中浪费严重，使得现有矿产资源没能得到合理利用。因此，在今后开发过程中，必须严格控制开发门槛，鼓励大公司大企业进行规模开采，而对威胁到西藏生态环境的开采行为则坚决加以制止，确保矿山开采过程中环境污染降到最低限度，实现矿产资源开发的规模化、集约化和可持续发展，使西藏矿业发展实现生态效益和经济效益协调发展。

第五，加快结构调整，优先开发具有优势矿种。西藏最具资源优势的矿产资源有铬、铁、铜、金、铅、盐湖矿产（如硼、锂等）。因此，西藏在"十四五"期间，应优先在交通条件相对便利，矿产资源占优势的区域先行开发。加快铜、铅、锌、铬、金等优势矿产资源的勘察开发，形成藏中地区的有色金属及铬铁矿业基地；加大藏东"三江"流域成矿带铜、铅、锌等优势矿产勘察开发，形成藏东地区有色金属产业基地；加大藏西地区锂、硼、镁、钾等盐湖资源勘察开发利用，形成藏西盐湖资源开发基地。通过对矿区经济结构整合，促进矿产资源合理开发利用，促进当地经济可持续发展。

第六，利用国家对西藏矿业发展的有利政策。在今后发展中，西藏首先要积极争取到国家对国内紧缺矿产（如铜、富铁矿等）重点矿区的勘察投入，完成勘察后，转让矿权实现收入留在西藏，作为西藏矿产勘察基金，滚动发展；其次，争取国家关于西藏矿产资源勘察的理论研究项目、技术研究项目、矿产开发新技术研究项目与环境保护研究项目，开展国土资源大调查（基础地质工作及矿产资源综合评价）项目、矿产资源补偿费矿产勘察项目。

第七，引进先进技术和人才。积极引进先进技术设备和高端人才，扩大对外开放水平。西藏矿业要想有长远发展，必须扩大对外开放力度，利用先进技术，对已有矿产资源进行深加工，提高矿产资源市场价值。同时，通过对外开放，借鉴兄弟省市先进发展模式，提高自身发展水平。

第六章 西藏绿色建材业发展专题

一、西藏绿色建材业发展的基础与成就

（一）西藏绿色建材业发展的基础

1.税收优惠政策支持。改革开放以来，中央在通过历次西藏工作座谈会赋予西藏的大量优惠政策基础上，西藏自治区政府不断优化政策措施支持绿色建材业发展，2018年印发《西藏自治区招商引资优惠政策若干规定（试行）》明确指出，对于从事新型建筑材料生产和装配式建筑业的企业或项目免征企业所得税的地方分享部分。建筑建材业优惠税收政策，一方面有利于西藏现有建筑建材企业将剩余资金用于扩大再生产，另一方面有利于其它省市剩余资本流入西藏投资于绿色建材生产，这对西藏建材业规模扩大起到不可估量的重要作用。

2.产业调整实施力度加大。伴随西藏建筑业蓬勃发展，伴随西藏建筑业需求增加而促生出的大量的市场化建材需求，西藏的建材生产和经营企业应运而生。改革开放初期，西藏出现很多建材生产和加工小型企业，这些企业急于回收资本并尽快获得利润，环境保护意识薄弱，给环境保护带来负外部性。"十一五"以来，伴随国家确定的绿色发展的目标实现，西藏越来越重视环境保护，自治区政府加大产业调整力度，加大对企业排放监督管理，对于排放不符合标准的小企业坚决予以关闭，借助这一潮流变化，西藏建材业由"粗狂型"发展逐步向"集约型"转变。以西藏水泥生产企业为例，"十一五"期间西藏对水泥产业进行产业化结构性调整，关闭一批规模小、污染重的小型和微型企业，为符合国家产业政策现代化需

要,大型企业发展腾出必要的生存空间和市场空间。根据自治区建材行业产业结构调整要求,"十一五"期间关闭各种小型立窑生产线8条,总计产能60万吨,绿色化水泥企业市场份额和利润空间增大,有利于帮助水泥企业引入先进绿色技术,促进行业绿色改制和全面发展。

3.产业基金贷款扶持。建材生产属于资金密集型的行业,从建设到投产需要大量的前期建设资金,加之建材生产线投资额大,回收期长,短期内会对投资者和企业造成巨大债务风险,不利于建材企业和行业的快速发展。2020年7月,西藏财政厅发布《西藏自治区中小企业发展专项资金管理办法》强调自处,自治区政府每年必须投入3亿元作为专项资金,重点用于支持"七大产业"中的企业转型升级、提质增效、绿色发展,推动西藏新型建材企业实现产值增加、税收贡献多、吸纳就业也多的实际,并发挥好西藏等方面发挥主力军作用。依托财政支持西藏很多建材企业迅速转产,顺利完成绿色转型发展。

4.西藏国资委资金注入及监管。为稳定西藏建材市场,2001年,西藏自治区国有资产监督管理委员会完成对西藏建工建材集团有限公司的股权认购,由西藏自治区国有资产监督管理委员会出资3亿余元,对西藏建工建材集团完成100%股权收购。西藏建工建材集团有限公司投资建材相关企业21家,对于稳定西藏建材市场起到重要作用。

(二)西藏绿色建材业发展的成就

建材业在西藏国民经济中占有重要地位,对经济发展和人民生活水平提高发挥着重要作用。西藏现代建材业发展始于上世纪50年代,主要服务于西藏不断扩大的基础建设需要。1956年为修建拉萨大礼堂、多吉颇章等建筑,并在拉萨、日喀则等地开展城市建设,西藏成立第一、二、三、四、五建筑工程公司,各地区也相继成立一定规模的建筑公司。1965年,西藏组织实施拉萨市政建设大会战,陆续修建人民路、青年路等城市干道,修建劳动人民文化宫、新华书店、百货公司、银行等文化和商业服务设施。

1980年，西藏出现一批古建筑队伍，继承发扬优秀传统建筑艺术，在修建十世班禅灵塔、维修布达拉宫、大昭寺工程中发挥重要作用。1984年，第二次西藏工作座谈会确定的43项援藏工程陆续上马。伴随中央第三次西藏工作座谈会后加大支持西藏发展的特殊优惠政策相继出台，西藏建材业供需缺口扩大，建材业加速发展。

第一，水泥产业。毫无疑问，水泥是三大国民经济的建筑材料之的重要方略一。与钢材、木材一样消耗量大且不可替代。水泥及水泥制成品作为重要的胶凝材料，广泛应用于土木建筑、水利和国防工程。绿色水泥产业链包括上游原料开采、中游生产制造和下游应用三个环节。其中，水泥生产制造分为生料制备、熟料煅烧和水泥粉磨三个阶段。将石灰石、黏土及少量校正原料破碎、烘干后，按照一定比例混合、磨细即可得到生料；将生料煅烧后即为熟料；再添加适量石膏与熟料共同磨细后，即成水泥。1960年，拉萨水泥厂开始建设，这是西藏最早的建材企业，1962年建成投产，年生产能力6万吨。西藏拥有拉萨水泥厂、昌都水泥厂等5家水泥厂和一些石材、砖材等企业，水泥年产量由1965年的1.06万吨增加到2019年的1081万。

西藏水泥行业在长期发展过程中取得巨大成就。首先，技术不断更新。水泥工业是基础性原材料工业，西藏水泥行业基于特性决定水泥工业是一个高能耗、高排放产业。现在水泥生产主要应用新型干法水泥生产技术，这一技术是当今先进的水泥生产工艺技术代表，这一技术悬浮预热和窑外分解技术为核心，把现代科学技术和工业生产最新成果广泛应用于水泥生产的必然过程，使水泥生产具有优质、高效、低耗、环保和大型化、自动化等基本特点。2005年，西藏天美集团建成西藏第一条新型干法水泥生产线，标志着西藏水泥实现原来高能耗高排放向绿色化转化。其次，水泥产量不断增加。1985年以来，西藏水泥产量从1985年的4.67万吨迅速增加，到2019年，突破千万吨达到1080.9万吨。从增长量方面来看西藏水泥产量自2005年来增长尤为迅速，图4—3可以看出，从1985年的4.67万吨，到2005年突破百万大关用20年时间；而从2005年的137.28万吨，增长到2019年的千万大关仅用14年。由图7—1可以看出，西藏水泥产量自2015年后增长尤为迅速，这得益于中央赋予西藏特殊优惠政策，得益于国家在西藏开展大规模的基础建设，得益于西藏淘汰落后的水泥产能，得益于积极整合筹建新型干法水泥生产线。

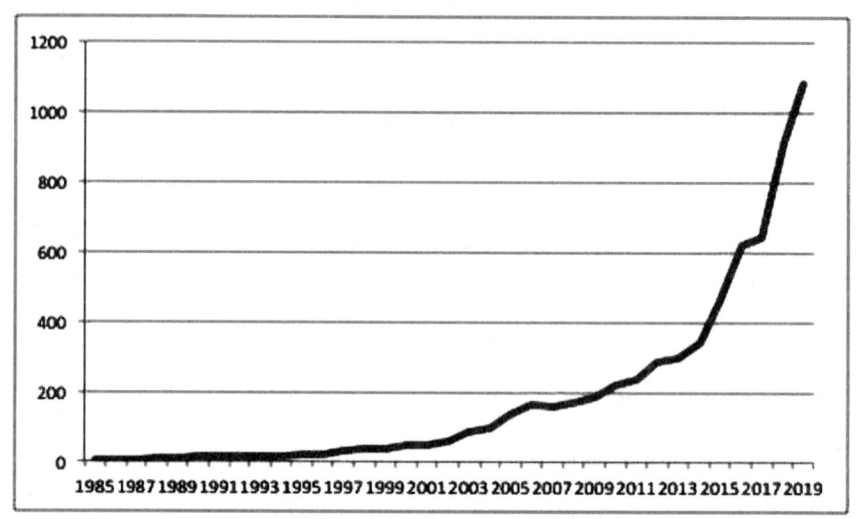

图7—1　1985年来西藏水泥产量（万吨）

数据来源：历年西藏统计年鉴整理所得

最后，水泥骨干企业迅速发展。西藏天路股份有限公司，于1999年3月29日正式成立，公司股票于2001年1月16日在上海证券交易所上市，净资产从1999年的8,602万元达到2007年12月31日的91,461万元，资产总额增长848.82%，净资产增长963.25%，分配给各股东现金红利10,413万元，实现利润总额2.91亿元，上缴税金1.37亿元。员工1391人。公司积极向上下游产业拓展，打造集建材生产、工程施工、房地产开发为一体的完整产业链；以西藏天路增资扩股西藏高争建材股份有限公司为主要途径，实现控股西藏高争股份。通过合作并购等手段将高争股份打造成天路的核心建材企业。推动建筑建材业向规模化、集约化、现代化发展，不断延伸建筑建材产业链，促进优势资源的集中和高效利用，将西藏高争股份打造成建材业龙头企业和西藏天路新的重要利润增长点。2020年西藏天路在互动平台表示，公司具有一定水泥生产能力，控股建材子公司年产能600万吨左右，正常建设昌都新建2000吨/日熟料新型干法水泥生产线（二期）、林芝年产90万吨环保型水泥粉磨站项目。华新水泥（西藏）有限公司于2003年7月在西藏山南桑日县开始兴建，总投资1.6亿，是西藏的其它省市援藏项目，得到国家有关部门、自治区及湖北省高度重视。2018年随着山南三期生产线点火投产，新华水泥（西藏）有限公司增加3000吨/日熟料新型水泥生产线，实现年水泥产量240万吨。

  整体看西藏绿色水泥产业发展依然是寡头垄断型，这符合绿色水泥资本密集和技术密集产业特点和发展要求，大量市场份额被资金雄厚、技术先进厂商占有的局面不仅有利于企业规模经济，同时也有利于政府对水泥行业进行必要的宏观调控。虽然西藏几个较大的水泥厂已初具规模，中小水泥厂已失去竞争力，但近些年伴随青藏铁路贯通，西藏区外水泥运输成本降低，其它省市水泥运输辐射半径显著增大，西藏区外水泥开始大规模进入西藏市场，对西藏区内水泥供应造成压力，其中受益较大的有青海省和甘肃省的几家大型水泥厂，西藏区外水泥厂对西藏区内水泥企业的影响除在西藏区外生产在西藏区内销售具有成本经营优势外，一些资金雄厚的西藏区外大企业已经基于西藏区内水泥产能不足的判断，开始在西藏建立自己分公司，2020年7月，祁连山水泥有限公司位于达孜区的项目已经点火生产，为西藏区内水泥市场年增加120万吨的熟料产能。虽然西藏水泥企业产能不断加大，但是西藏水泥市场产能不足依旧存在。

  第二，钢材。钢材作为建筑业的不可或缺的材料，西藏建筑钢材主要来自于我国其它省市，西藏钢材销售企业多，供需不平衡。伴随西藏建筑业及基建蓬勃发展，西藏钢材出现较大供需缺口，各省市钢材生产企业争相进入西藏市场。青藏铁路开通为钢材长途运输进入西藏市场提供便利，其它省市钢材进入西藏市场门槛大幅降低，其它省市钢材运输半径扩大，加之钢材对于生产工艺和资金成本要求高，我国钢材生产几大龙头企业占据着全国大部分市场份额。统计显示，2004年，西藏建筑业企业钢材消耗81720吨，为2019年377470吨的1/5左右，其中2008年西藏建筑企业钢材消耗量1377911吨。

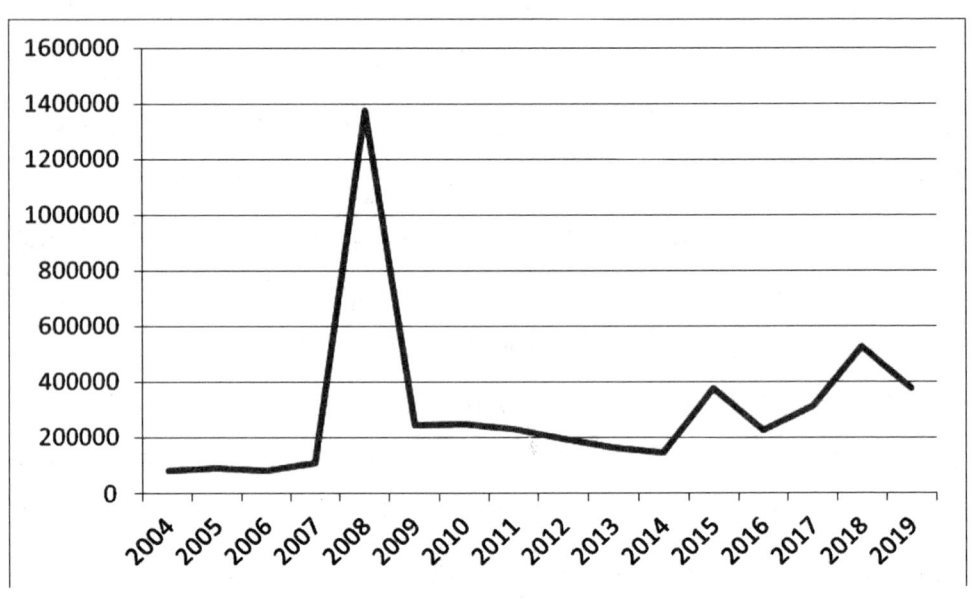

图7—2 2004年来西藏建筑业企业钢材消耗量（吨）

数据来源：历年西藏统计年鉴整理所得

统计显示，2016年西藏钢材产量1.83万吨，在31个省市自治区排名第31位，相比2014年的1.2万吨有显著增长。近年来西藏钢材产业数量及钢材产量无显著增长，2017年钢材产量0.1万吨，全部来自规模以上工业企业。

西藏建筑钢材市场供求不平衡促导致国内其它省市建筑钢材大量流入区内市场。据不完全统计，2019年底，在西藏开展建筑用钢材经营活动的企业400多家，这些企业大多属于小微企业。大体可分为大类，一类是装饰装修和建筑公司兼营钢材经销，这些企业经营范围广，大多涉及建筑材料，钢材只是企业经营的一部分而并非主业；二是以钢结构加工及经营作为主业务工程公司，这类公司在钢材经营领域更专业，产品广泛多样，往往是建筑公司的上级供应商。

总体来看，西藏建筑钢材业整体上表现出需求稳步上升，钢材产量少不能满足区内需求，西藏建筑业的钢材短板被钢材经销商数量多弥补。

第三，新型墙体。在建筑中墙体起着围护承重隔断保温和绝热作用，在生产力发展不同阶段，人类选用墙体材料有所不同。我国早期建筑多采用实心粘土砖，粘土砖块体积小，质量重，施工效率低，不能满足建筑高层化、施工现代化要求；粘土砖保温、隔热、吸声、装饰性能差不能满足现代建筑多功能要求；粘土砖生产能耗高，产生大量二氧化碳和二氧化硫气体，破坏生态、污染环境、浪费能源。在双碳背景下，发展新型墙体成为我国高质量发展重要内容。近年来，我国成立新型墙体专项资金，以促进国内新型墙体研发生产。据中国财政年鉴记载。2010 年，我国地方政府性基金支出中新型墙体材料专项基金专项基金支出 40 亿元。西藏地处青藏高原腹地，属高原大陆性气候，西藏民居建筑夏季不需要空调等降温设备，但冬季需要采暖设备，而且采暖期较长，因此新型墙体在西藏普及应用尤为必要。截止 2019 年，西藏有新型墙体材料生产企业 12 家，年设计产能 100 万方。2019 年产值 9,000 万元。

二、西藏绿色建材业发展存在的问题与形势研判

（一）西藏绿色建材业发展存在的问题

1.绿色建材行业管控短板多。概括讲，绿色建材行业管控短板表现在：优惠政策不多，行业规范不健全，产业链复杂，发展瓶颈多。伴随市场化不断深入，民营资本大量涌入绿色建材业。在监管不严厉、行业评价指标

不详尽的情况下，绿色建材业部分产品质量不达标，甚至出现少数产品有害成分超标问题，这些行业管控层面的问题严重影响绿色建材业快速发展。

2.绿色建材行业环境短板多。研究表明，制约绿色建材行业加快发展的大环境短板包括：第一，与国内建筑业总体热度有所减退不同，西藏建材业需求大，市场处于需求大幅上升阶段。第二，西藏区内绿色建材业发展缓慢，且建筑市场普遍绿色建材供求缺口大。第三，绿色建材业各分行业合作不充分，限制行业总体协同，制约着绿色建材全行业发展。第四，绿色建材售后服务提升空间大，售后服务不足影响客户对绿色建材的选用热情。

3.绿色建材生产使用成本高。概括地讲，与普通建材相比，绿色建材生产成本高，基本原因在于：绿色建材生产技术要求高，需要相当数量的技术工人，生产过程精密，加工手法严谨，绿色建材生产成本提高。同时使用绿色建材会导致建筑的建设成本增加。由于绿色建材具有环境友好属性和社会效益属性，开发商认为使用绿色建材获得的利润远不及使用普通建材所能获得的利润，从而大降低对绿色建材使用的积极性。另外，企业也可能由于对绿色建材缺乏科学认识或出于经营管理需要而不愿意使用绿色建材。由此导致一些房地产企业一般不会轻易推广绿色建筑材料，或在使用绿色建材前会做好充分的预算估计。一些企业在建材选择上，会优先使用原有的普通建材。

4.绿色建材的创新不足。研究表明，我国建材生产企业技术创新能力存在短板，绿色建材企业技术没有形成开发创新体系。多数建材企业创新能力不足，设备更新周期长，科技人员少，技术老化，导致绿色建材行发展慢。在建筑材料选择、施工、运行、安全、售后等方面考虑不全面，没能使设计方案全面与建筑发展方向和趋势紧密结合起来。

5.绿色建材普及程度不高。我国绿色建材发展缓慢，消费者对绿色建材的认识存在误区。绿色建材没有被广泛普及，人们的观念认识存在偏差，缺乏对绿色建材的全面理解。由于人们对环保及可持续发展了解不深入，无法全面区分绿色建材与普通建材的主要区别，使绿色建材企业在销售产品时由于价格偏高而没有竞争优势。一些建材企业生产不规范，导致一些基本数据超标，不规范生产，导致产品没有达到预期效果，严重影响绿色建材普及。

（二）西藏绿色建材业发展的形势研判

1. 市场需求更加旺盛。"十四五"期间，西藏实现全域脱贫目标，消灭了绝对贫困。如何进一步巩固脱贫成果，阻断返贫和解决好相对贫困，成为新时期发展的重要使命。西藏"十四五"规划明确指出，要在促进城乡区域协调发展，鼓励人口及各种要素持续向交通便利、气候适宜、基础较好的河谷地带和城镇区域集聚，边境地区人口持续增加，城镇化率达到40%以上，每个地市都建成一个特色核心园区。完善基础建设，支撑人口转移和城镇化率提高，促进建筑业持续发展。建材业不断扩大规模和夯实竞争基础，以满足基于进一步巩固脱贫成果、阻断返贫和解决好相对贫困而促进的城镇化率提高以及建筑业高质量发展需要。

2. 技术环境不断优化。现代科技日新月异，产品生产技术不断发展，建材业生产技术日益改进，先进技术进入企业，为绿色生产提供技术支持。以水泥生产为例，过去新型干法水泥产量仅占小部分，西藏大部分区内水泥生产企业依然使用落后的立窑、湿法窑和小型中空窑。新型干法水泥生产技术逐步取代传统技术，发挥出产品质量高、热耗能耗低、环保水平高的优点，成为世界水泥工业发展的重大方向。同时，新型干法水泥生产技术对传统技术替代会引致水泥工业工程建设市场全面扩大和国际市场机会增加。

3. 建筑业蓬勃发展。和平解放70年以来，西藏建筑业先后经历快速增加阶段、新常态稳定增长阶段以及绿色化主导的平稳增长阶段等发展阶段。具体表现在：1994年，西藏建筑业企业建筑工程总产值26,898万元，2012年达到120,1636万元，较1994年增长5倍。"十二五"期间，西藏建筑业实施创新提升、超越引领发展战略，建材工业企业在转变发展方式、加大科技创新、加速产业结构调整、推进节能减排与绿色发展、采用走出去加快国际化步伐等方面取得长足进步，全行业转入新常态下的发展平稳期，建筑业进入快速发展后的调整稳定期，整个"十二五"期间建筑业总产值基本稳定。"十三五"期间科技创新推动技术提升和产业结构升级，加之节能减排绿色化快速发展，西藏建筑业又一次进入快速发展阶。2019年，西藏建筑业产值 2,066,679 万元。

表 7—1 西藏 2010—2019 建筑业企业建筑工程总产值

年份	建筑业企业建筑工程总产值（万元）
2010	1,201,636
2011	1,185,475
2012	814,843
2013	710,153
2014	649,555
2015	878,571
2016	982,679
2017	1,329,229
2018	1,594,340
2019	2,066,679

数据来源：历年西藏统计年鉴整理所得。

和平解放 70 年来，西藏人民生活水平不断提升，住房需求不断满足，西藏自治区政府高度重视基础设施建设，建筑业蓬勃发展，一度成为西藏支柱产业。作为建筑业的基础，西藏绿色建材业在经济建设发挥的作用越来越重要。

三、西藏绿色建材业发展的定位与对策

（一）西藏绿色建材业发展的基本定位

总的定位是：创新引领，优化结构，绿色节能，市场建设。毋庸置疑，

水泥、民爆、钢材、墙体等基础性原材料，是国民经济发展不可或缺的重要基础，对确保建材领域供需均衡、强化供给保障、促进西藏经济长足发展和社会长治久安具有重要意义。2019年末，西藏实现全面脱贫，乡村振兴、易地搬迁、城镇化建设等成为新时期西藏各级各界奋斗的要点。新时期经济社会高质量发展对建筑材料需求旺盛，采取切实可行措施，有效解决建材产业发展中存在的主要区域与供需矛盾，确保西藏市场平稳运行不仅有利于自治区项目带动作用发挥，扩大社会投资、拉动经济平稳快速增长，对于推动西藏经济社会长足发展和长治久安具有重要意义。为此，西藏绿色建材业发展必须：第一，创新驱动，创新引领发展。把科技创新驱动作为西藏绿色建材业高质量发展的着力点，以科技、标准创新提升扩展发展，以政策创新推动发展，以需求创新增加发展，以机制创新激活各种生产要素，使新生产方式和先进生产力充分涌现。第二，坚持优化产业结构。基于供给侧结构改革加快西藏绿色建材业产业结构优化升级，促进产业结构转型向纵深化发展取得阶段性成果，促进传统建材产业和新兴绿色建材产业占比形成有降有升的局面，促进加工制造业和建材产品占比形成有升有降的格局。改善西藏绿色建材业发展环境，增强西藏绿色企业创新能力，扩大新型、绿色建材生产应用，优化产业布局和组织结构，有效提高西藏绿色建材工业发展质量和发展效益。第三，促进建材行业绿色节能。发挥科技创新在建材工业转型升级中的引领作用，实施以节能减排为主要目标的技术改造和升级，加快推进西藏绿色建材业绿色发展。通过行业技术创新，加大关键共性技术研发力度，大力研发推广先进适用技术，鼓励西藏绿色建材业进行节能减排技术改造。优化建材工业发展环境，加快建材服务业建设，将促进建材市场健康发展作为重点工作目标，稳控建材价格，探索符合西藏实际、科学合理的长效机制，维护西藏绿色建材市场良好发展环境。第四，推进建材市场规划建设。完善建材市场功能，提升建材市场档次，不断提高西藏建材市场竞争能力。与城市功能、人口分布、道路交通及相关产业发展相协调，分布实施，建设西藏建材市场，如基于拉萨市城镇化速度较快，交通较为便利，相关产业较为聚集，优先建立以拉萨为中心的建材市场，促进辐射带动功能提升。

(二)西藏绿色建材业发展的对策建议

1.西藏绿色建材业发展的工作重点。概况地讲，西藏建材业和建材产品对其它省市市场的依赖比较大，大量的装饰装修材料主要依靠其它省市，而西藏发展的建材主要是由灰岩、花岗岩开采—水泥制品研发、烧制—水泥及水泥延伸产品—市场营销等构成，存在着产业门类单一问题，因此西藏绿色建材业发展的重点就是发展灰岩、花岗岩开采技术、水泥烧制流程技术改造、环保设备及产品研发、水泥延伸产品开发制造、建筑装饰材料生产等。

"十四五"期间西藏绿色建材业发展应该按照以下思路推进：立足西藏区内市场投资主导性经济对绿色建材的绿色建材工业发展实际，围绕西藏大规模基础设施建设、城镇化发展和农牧区易地搬迁建设巨大的对绿色建材需要，合理布局西藏绿色建材业新增产能，有效解决西藏建材市场的现实矛盾，推动建材业绿色科学规范发展。考虑到西藏特殊区情对新型节能建材、装饰装修材料、新型水泥的需要，"十四五"期间的发展路径是：第一，绿色新型建材。重点发展新型墙体材料及轻质、高性能、低能耗新型建材产品。强化高原用管材领域技术突破，生产给水、排水聚乙烯管和其他高性能管材。扩大陶瓷材料生产线产能，生产高档陶瓷产品。第二，装饰装修材料。着力对石材加工、装饰功能建筑砌块制品等进行技术突破，结合高原气候特点，开发轻质、节能、具有保温耐磨功能的装配产品；第三，新型水泥。对已规划的水泥建设项目，督促项目落地。淘汰落后工艺，在拉萨、山南、昌都、日喀则适度发展新型水泥，保障周边市场供给；第四，引进培育绿色新型建材企业。积极引入实力较强的内地新型建材生产企业，鼓励企业加大研发力度，开发生产绿色新型建材产品。积极引导传统建材生产企业向生产新型建材转型，推进国有建材企业重组；第五，推进企业清洁生产和资源循环利用。严格执行国家和地区环保标准，推广应用高效除尘技术、烟气脱硫脱硝技术和降低噪声污染等技术。积极引入余热余压回收设备，提升资源综合利用水平；第六，重点培育龙头水泥生产与延伸产品生产企业产业群，加大科研投入力度，提高产品质量，接通和延伸建筑建材产业链，提高水泥品牌知名度和区域竞争力。积极争取国家支持，加大企业更新改造力度，组建水泥研发、生产、营销一体化大型企业集团，提高产业集中度。

2. 西藏绿色建材业发展具体举措。第一，优化发展环境，淘汰落后产能。一方面实施差别化政策，提高产能严重过剩行业的能耗、物耗、水耗、生态环保、安全生产、技术准入标准，对工艺设备落后、能耗及排放不达标的产能，列入淘汰落后的目标任务；一方面，对超标用能、超标排放、产品质量不合格、不具备安全生产条件的企业（设备或生产线），责令限期整改，经整改仍不达标的，依法责令停业关闭或取缔等。通过提高淘汰落后产能标准，严格执行能耗限额标准、污染物排放标准、产品质量法，淘汰环保不达标、能耗不达标、质量不达标的落后产能，加快建材工业转型升级，最终实现全行业绿色发展。

第二，加快节能减排达标步伐，积极推进绿色发展。加快传统建材产业工艺装备创新改造升级，促进节能减排。加快实施以节能减排为主要目标的传统建材技术改造升级，推广新一代先进工艺、装备和系统的节能减排技术，尤其要推广适用于水泥、平板玻璃、建筑卫生陶瓷等行业能源梯级利用、窑炉烟气除尘脱硫脱硝技术装备，全面推行清洁生产。坚持可循环发展，提升资源综合利用水平，积极推广水泥窑协同处置生活垃圾、城市污泥及其他有害工业废弃物技术装备做到废物利用，在城镇周边的水泥厂都将进行废弃物协同处置改造。推广利用大型烧结砖隧道窑安全处置城市污泥、废渣与其它原料配合生产烧结空心砖、自保温烧结砌块，加大推广应用力度。推广建筑垃圾综合利用产业化、规模化经营。在大中型城市选择重点企业建设年处理100万吨及以上规模建筑垃圾再生骨料生产线,并配套建设再生骨料混凝土制品生产线,推进城市建筑垃圾综合利用。

第三,增加生产企业产能。积极推进新华水泥西藏有限公司、西藏昌都高正建材股份有限公司等龙头公司的扩能增产项目,加快在建新型干法水泥有限公司的建设项目。强化建材原产料的供应保障工作,按照"有偿出让,有序开发"原则,依法依规加强建材生产所需原材料和地材资源勘查开发,从源头上保证西藏建材发展所需基础性原材料供给。对于西藏已有产能产业,如水泥业,规范区外水泥产品入藏,确保区外水泥在满足区内水泥需求中起积极作用。

第四,实施"互联网＋建材"。利用信息化技术改造传统行业,是实现节能减排的重要技术手段之一。加快实施"互联网＋建材"行动计划,积极推进互联网与节能减排融合发展,提升能源、资源、环境智慧化管理水平,促进建材工业智能化发展。促进生产方式绿色精益化。利用移动互联网、云计算、大数据、物联网及分享经济模式促进生产方式绿色转型,推动研发设计、原材料供应、加工制造和产品销售等全过程精准协同,强化生产资料、技术装备、人力资源等生产要素共享利用,实现生产资源优化整合和高效配置,加快形成企业智能环境数据感知体系,建设绿色数据中心。积极开展"机器代人"等专项试点。在水泥、玻璃及深加工、建筑卫生陶瓷、墙体材料、无机非金属矿等行业应用智能制造关键技术开展智能工厂、数字矿山、工业机器人试点示范研究,推广智能传感器等。

第五,发展建材服务业。建材服务业既要立足于服务建材制造业,又要以集成、配套、组合相关上下游资源商品,运用新型的电子商务模式等开展跨行业、跨领域多业态、多层次服务,形成生产资源配置服务系统;围绕改变传统的单一的产品销售、固定场所、固定时间、固定贸易流通模式,形成集成配套并运用大数据、物联网等现代智能化的流通贸易服务系统；围绕传统产业提升与改造需要，组建设计、装备、设施、安装、试运与生产管理工厂改造和试运生产服务系统；围绕节能减排、美化净化环境、实现清洁生产，提供节能减排政策、技术、装备设施和现场管理等节能减排服务；提升建材行业产品质量。

第七章　西藏民族手工业发展专题

一、西藏民族手工业发展的基础与成就

（一）西藏民族手工业发展的基础

1.西藏手工业发展的历史积淀深厚。西藏民族手工业具有悠久历史，许多民族手工艺品历经近千年发展，形成独特工艺特色，在国内外享有盛誉。西藏富饶的矿产资源和野生动植物资源为民族手工业发展提供丰富原料，也为品种繁多的民族手工艺品生产奠定基础。据统计，西藏民族手工业产品花色品种多达2000多种，主要有唐卡、藏香、邦典、氆氇、藏毯、卡垫、挂毯、民族家具、民族服饰和鞋帽、金银铜木铁石器皿、藏刀及其它工艺美术品、旅游纪念品等。

西藏民族手工业除呈现出地域性产品差异外，生产集中程度也具有明显地域特征。拉萨市区主要生产地毯、唐卡、金银铜器、藏香、藏纸、藏锁、木雕、土陶器、金银铜木铁石器皿、藏戏面具、家具、室内装饰品等；山南市盛产邦典、氆氇、竹制品、木碗、玉器、陶器等；昌都市盛产唐卡、马鞍、铜雕等；日喀则市主要生产卡垫、藏鞋、藏刀、藏香、围裙、陶器等；那曲市盛产氆氇、帐篷、乌多等毛纺织品；林芝市盛产藏刀、藏香、工布服饰、珞巴服饰、竹编、响箭、木制品等；阿里地区则主要生产毛织品、山羊绒制品、木碗、藏香等民族手工艺品。许多民族手工艺已列入非物质文化遗产。这些都为西藏民族手工业发展提供有力支撑。

随着生产规模逐步扩大和经济效益提升，民族手工业已成为西藏工业经济重要组成部分。2019年，西藏民族手工业行业资产规模28.9亿元，同

比增加3.3亿元。在国家和西藏自治区引导支持下，藏毯及藏式服装、藏香、唐卡、藏式家具、民族特色旅游商品等民族手工业在构筑发展特点上取得良好成效。民族手工业作为西藏历史上三大传统的劳动密集型产业之一，每一种工艺传承发展都凝聚着雪域高原人民群众的聪明才智，是世世代代经验和文化的结晶，发挥着延续传承传统文化的重要作用。民族手工业与众多产业发展息息相关，对地区经济、社会环境以及其他产业发展起到良好辐射带动作用。2019年底，西藏常年性、季节性和副业性从事手工业人数7.3万人，西藏民族手工业企业总数604家，其中国企数量50家，私企数量392家，集体企业数量162家。民族手工业繁荣发展，使大量农牧业人员从农牧业生产中转移出来，通过师徒传承和职业培训，凭借一技之长，逐步变成家庭增收致富能手和推进村镇集体经济发展中坚力量。民族手工业已成为西藏实现精准扶贫、带动就业、促进农牧民增收的重要途径。

西藏民族手工艺品因其具有浓厚的区域风格和鲜明的区域特色深受游客喜爱，采购独具特色的民族手工艺品已成为进藏旅游重要内容之一。旅游业带动着民族手工艺兴盛，民族手工业提升西藏旅游文化内涵，带动生态旅游发展，民族手工艺品已成为旅游与文化深度融合的重要载体。

西藏地处青藏高原，生态环境脆弱，生态承载能力有限，传统农牧业单纯依靠生态资源创造经济财富思路会破坏生态资源。为实现绿色生态发展，必须发挥生态景观、自然资源及地方文化优势特点。经过世代传承发展，西藏民族手工艺品生产消费已成为西藏发展特色经济的支撑点，促进区域产业结构优化和经济发展方式转变。

2.西藏手工业发展的资源。西藏传统民族手工业在文化积淀、工艺特点、群众基础、市场需求等方面具备做大做强的条件。西藏人文源带有浓郁区域特色，是西藏劳动人民千百年来智慧结晶，也是民族手工业不断发展的源泉。西藏农牧区，民族手工艺有着广泛群众基础，每个人都是手工艺的创造者、操作者和产品享有者。西藏旅游者云集，为手工艺品带来巨大市场。

朝圣者与旅游者带走的不仅仅是一件件制作精致的手工艺品，更是了解西藏经济社会繁荣发展的载体。

得天独厚又富有传奇色彩的人文资源筑就西藏民族手工业发展灵魂，赋予民族手工艺品更深层次的文化内涵，是西藏民族手工业发展的内生动力。博大精深的雪域文化为西藏民族手工业提品质、增品种、创品牌提供强有力支撑。消费者购买西藏手工艺品，更多的是对于西藏风土人情、人文景观的向往。这些资源优势使西藏民族手工艺集产品、文化于一体，拥有更多消费群体和更为广泛的市场需求。西藏丰富的农畜牧、矿产资源和种类繁多的野生动植物资源为民族手工业的发展壮大提供有效原材料保障。

西藏是国家重要的中华民族特色文化保护地，世界重要的高原生态与文化旅游目的地，其独特的高原自然风光、民族风情等旅游资源对国内外游客极具吸引力。随着青藏铁路通车，林芝、日喀则、阿里机场通航，形成公路、铁路、航空等立体交通网络，西藏旅游空前发展。已形成以拉萨为中心，辐射全西藏的多条旅游线路。旅游业快速发展给西藏民族手工业带来商机。2019年西藏累计接待国内外游客4012.15万人次，同比增长19.1%，实现旅游总收入559.28亿元，同比增长14.1%。

西藏位于我国西南边陲，与印度、尼泊尔、不丹、缅甸等国毗邻，在长达4000多公里的边境线上建有樟木、普兰、吉隆、日屋、亚东等五个国家级边境口岸，其中樟木、普兰、吉隆、日屋等四个口岸已开放，共有传统和习惯性边境贸易市场百个。随着环喜马拉雅经济合作带和"一带一路"建设加快推进，西藏凭借独特的区位优势和地缘优势，逐步发展成为我国陆路通往南亚国家的贸易和物流中心。特别是青藏铁路延伸线——拉萨至日喀则铁路和拉林全面贯通，西藏成为对外开放"桥头堡"和南亚陆路贸易大通道进程加快，也为西藏民族手工业对外贸易提供广阔前景。

3.西藏手工业发展政策。中央第七次西藏工作座谈会上习近平总书记强调指出,把改善民生、凝聚人心作为西藏经济社会发展的出发点和落脚点。《国务院办公厅关于进一步支持西藏经济社会发展若干政策和重大项目的意见》明确提出,坚持就业优先战略,对资源优势明显且带动就业能力强的农畜产品加工业、民族手工业、旅游业给予倾斜。《西藏自治区"十三五"时期国民经济和社会发展规划纲要》提出"推进民族手工业与旅游业、文化产业融合发展,走传统与现代结合的民族手工业发展路子。发挥各地传统技艺优势,适应消费需求,大力发展唐卡、藏香、藏毯、金属制品加工等民族手工业"。这些都为民族手工业发展营造良好的政策环境。国家民委等七部门制订的《坚持和完善对民族贸易和民族特需商品定点生产企业的优惠政策》,西藏自治区出台的一系列支持民族手工业发展重要文件,特别是《国务院关于印发"十三五"促进民族地区和人口较少民族发展规划的通知》《中国传统工艺振兴计划》《关于开展消费品工业"三品"专项行动营造良好市场环境的若干意见》《工业和信息化部关于工艺美术行业发展的指导意见》《西藏自治区政府关于贯彻国务院关于进一步促进中小企业发展的若干意见的实施意见》等,为西藏做大做强民族手工业提供政策保障。

(二)西藏民族手工业发展的成就

西藏民族手工艺品地域特色突出,文化内涵丰富,是西藏传统文化延续传播的重要载体。民族手工业作为西藏三大传统劳动密集型产业,在满足广大农牧民生产生活需求,拓宽就业渠道,保护、弘扬和繁荣民族文化,推动旅游业发展,维护社会稳定,促进西藏经济社会发展等方面发挥着重要作用,对实现富民兴藏和长治久安具有重要意义。改革开放以来,西藏传统民族手工业在工艺传承、产品生产、企业发展、人才培养等方面取得长足进步,呈现出品种丰富、区域特色突出、行业效益稳步提升的发展态势。民族手工业是西藏传统行业,也是主要副业,是西藏传统社会中的主导行业，除满足自身需要外，兼有少量销售加工，不仅提供奢侈品，也为广大民众提供生活必需品，在西藏社会经济发展中起到不可替代的作用，在整个经济结构中占有重要地位。民主改革前西藏民族手工业以个体或家庭作坊经营为主，基本上是一种自给自足、少量自销的加工行业。虽然在国民经济中占有重要地位，但落后的经济社会制度严重束缚西藏民族手工业发展，产量低、品种少、技术落后，基本上处于低水平循环状态。民主改革后，西藏民族手工业迎来新的发展契机，由于广大民族手工业者被压抑已久的积极性释放出来，五金工匠尤其是铁匠地位提高，促使铁器生产大发展，对整个西藏社会经济来说意义重大。中央与当地政府都很重视西藏传统手工业，西藏本着就地取材、自力更生、因陋就简、自产自销原则，为民族手工业发展提供支持。①

1980年以来，随着西藏步入改革开放新时期，西藏开始重视民族手工业发展，制定一系列扶持政策，调动手工业者积极性，促进民族手工业发展。政府对民族手工业发展进行帮扶，对相关集体企业和个体户免征工商税、所得税和养路费，对主要原材料纳入统配计划，同时还划拨大量资金予以扶持，并可无偿使用扶持资金和低息、贴息贷款等。针对西藏手工业改革实际，西藏对手工业企业实行自产、自销、自购原材料、自定价格、自负盈亏的"四自"方针，推行厂长负责制和承包经营责任制，进行内部劳动分配等制度配套改革。其次，自治区政府开始注重人才培养，规定对民族手工业扶持资金由过去着重搞基本建设转变为搞技术改造，要求各企业把主要精力转移到培训管理人才、增加花色品种和提高产品质量上来。再次，自治区重视产业结构调整，重点抓拳头产业，1988年以来，对西藏地毯业生产企业实行倾斜，使其技术和设备得到很大改善，积极开发区

---

① 李国政．从传统到现代：制度变迁视野下的西藏民族手工业发展[J]．重庆文理学院学报（社会科学版），2018—03—28．

内外市场，加大旅游纪念品开发力度。在政府支持大环境下，民族手工业企业自身也不断进行经营机制转换，以提高发展能力和市场竞争力。与其他工业行业改革一样，实行计件工资、浮动工资、岗位津贴、年终分红等多种分配制度。为加强地区间经济交流，西藏各地民族手工业主管部门多次组织人员交流学习，主动与其它省市加强联系。有力促进西藏民族手工业发展。[①]

2019年，西藏民族手工业市场规模为18.7亿元，同比增长12.6%。其中，行业净利润3.9亿元，缴纳税额1.2亿元，吸纳就业人数7.3万人。

第一，旅游业带动产业持续发展。"十三五"期间，西藏旅游业迅猛发展。2019年，接待国内外游客4012万人次，实现旅游收入559,280万元。旅游业带动下民族手工业产品由早期的满足群众日常生活消费为主转变旅游外销为主，西藏特色的民族手工艺品、日用品、服饰等成为旅游商品和纪念品，民族手工业产品中旅游商品比重逐年递增，成为民族手工业主导产品。2019年，西藏注册的民族手工业企业604家，其中国有企业50家，私营民营企业392家，集体企业162家，集中分布在拉萨、日喀则、山南、林芝等地市，从业人员7.3万人。第三，带动农牧民增收作用加强。2019年，西藏农村居民人均可支配收入12,951元，增长13.1%。随着西藏传统手工业制品销路顺畅，农村居民人均可支配收入中来自民族手工业的比重增加，成为农牧民现金收入的重要来源。位于拉萨市与日喀则市中部节点的尼木县吞巴镇制作的藏香有1300多年历史。2008年，尼木藏香被列入国家级非物质文化遗产名录。2019年，全镇藏香产值3,300万元，藏香纯收入1,629.28万元，户均增收5.8万元，远高于农牧民人均收入水平。

---

① 李国政.从传统到现代：制度变迁视野下的西藏民族手工业发展[J].重庆文理学院学报（社会科学版），2018—03—28.

二、西藏民族手工业发展存在的问题与形势研判

（一）西藏民族手工业发展存在的问题

1. 产业总体规模偏小，企业"散、小、弱"居多。总体来看西藏民族手工业仍处于低层次、小规模发展阶段。大量传统手工业者仍然采用家庭作坊式生产模式，市场主体呈现散、小、弱、乱、参差不齐特点，企业法人群体小，没有形成现代市场主体群落，产业规模效应难以体现。例如尼木县吞巴乡有220多户从事藏香生产，但各家自立门户、相互竞争、产品同质化严重，没有规范的工艺技术标准，综合效益提高的空间不足。

2. 设计制作生产工艺落后，生产效率低。西藏民族手工业以手工制作为主要的生产加工方式，企业分散，产业集聚优势不明显，未能形成具有竞争优势的产业集群。使用现代机具少，有的企业甚至未通电。以氆氇架为例，编制氆氇、邦典、藏被所用木质器械与300年前的结构及用法相似。生产设备落后、工艺简单、生产规模小的短板普遍。从业者基本保持着传统生产方式。即使个别产品品类步入产业化发展之路，但规模较小，竞争力弱，新产品和特色产品研发不足。

3. 市场定位过窄，缺乏品牌和商标意识，营销理念滞后。丰富多样的西藏文化融合到西藏民族手工业的独特加工技艺中本品应使得西藏民族手工艺货农具有较高的辨识度和差异性。然而，对西藏地市县级主要民族手工业企业生产的产品进行调研显示，西藏民族手工业产品80%仍为特需品，乡村家庭手工作坊产品九成以上为特需品。产品过于注重实用性，独特性、美观性、艺术性和文化内涵体现不足，适应现代消费市场多元化需求的能力弱。

由于民族手工艺品总体技术含量不高，工艺相对简单，款式单一，导致西藏区内市场上存在着大量其它省市或邻国借鉴西藏工艺开发生产、具

有藏式风格的工艺品。西藏民族手工艺品易模仿性直接导致民族手工业企业创新动力不足，一旦某个企业研发出新品种和款式，很快会有其他企业模仿跟进。由于民族手工业企业多数不愿意在产品和技术研发上过多投入，主要依靠师傅传帮带和经验研发加剧市面上西藏区内生产的民族手工艺品创新品种相对匮乏、市场竞争力不强。

西藏民族手工业品牌意识淡薄，未能培育出国际国内知名品牌。虽然有一些西藏民族手工艺品在国内外享有盛名，但大多数企业不注重产品商标注册和产品包装，不注重宣传推广。一些极具"西藏特点"的产品没有形成自主品牌，民族手工业原产地标识设计认证工作滞后。在营销渠道上，民族手工艺品大多仍采用传统营销方式。网上销售、电子商务等新型互联网销售模式在行业内应用不足。

4.人才缺乏，技艺传承后继乏人。西藏民族手工业从业人员文化素质普遍不高，年龄较大，对新技术接受能力低，年轻人大多不愿意从事枯燥的手工劳作，传统制作工艺依靠师傅传帮带方式，不可避免地出现技艺散失、甚至面临手艺失传的风险。此外，由于生产环境普遍较差，从业人员收入偏低，导致传承民族手工业人数有递减压力，技艺人才有青黄不接风险。同时，大多数民族手工业企业是从家庭作坊逐步发展而来的，内部基本没有经营所需的管理、技术、研发和销售人员，企业带头人普遍缺乏现代经营理念和市场意识。企业内部缺乏培训渠道，外部引进面临增加企业成本、人才容易流失和留住人才难等实际顾虑。人才缺乏已成为制约民族手工业发展的重要瓶颈。

（二）西藏民族手工业发展的形势研判

西藏民族手工业是地道的特色优势产业、民生产业、富民产业，民族手工艺品地域特色突出，文化内涵丰富，是西藏三大传统劳动密集型产业，满足广大农牧民生产生活需求，拓宽就业渠道，保护、弘扬和繁荣区域文化，推动旅游业发展，维护社会稳定，促进西藏经济社会发展方面发挥着重要作用，对实现富民兴藏和长治久安具有重要意义。改革开放以来，西藏传统民族手工业在工艺传承、产品生产、企业发展、人才培养等方面取得长足进步，呈现品种丰富、区域特色突出、行业效益稳步提升态势。然而，作为西藏经济发展的特色优势产业，民族手工业在产品创新、规模化发展、品牌建设、文化资源开发等方面依然任重道远。

西藏民族工业要实现从传统技术向现代技术的转变，就必须在保持弘扬传统技术优势和民族文化特色基础上，改进产品生产加工技术和工艺水平上，提高产品质量上，充实产品文化内涵上，实现西藏民族手工业定量化、标准化、规模化生产，提高经济效益。不断激发越来越多民间手工艺人加工生产民族手工艺品的热情，增加他们收入。伴随西藏经济快速健康发展，作为特色产业重要组成部分民族手工业不仅要在工业中占据重要地位，同时要对旅游业和外贸发展发挥举足轻重的作用。同时更好地发挥其投资少、效益高、行业多、门路广、组织生产灵活和易于吸收社会劳动力的优势，在促进区域经济发展与稳定、保护抢救弘扬繁荣传统文化方面发挥重要作用。西藏手工业发展离不开消费者对品牌的信任。要吸引消费者，企业自身要树立品牌意识，要以龙头企业牵引，做大规模，做强产业，带动更多手工业者发展。要注重精深加工，加快高附加值手工业品开发，提高产业层次，延长产业链条。

三、西藏民族手工业发展的定位与对策

（一）西藏民族手工业发展的基本定位

西藏民族手工业作为地道的特色优势产业、民生产业、富民产业，要全面突出"名、优、特、精、新"的特点，巩固传统产业优势，以唐卡、藏香、藏毯、金属制品加工等为重点，围绕提质升级、塑造品牌、改进工艺、规范标准、人才传承等，着力打造一批民族手工业示范园区，加强传统工艺的传承与弘扬，推动民族手工业创新发展，推动民族手工业上档次、上水平。①第一，唐卡及藏式饰品。走精品唐卡和以版印唐卡为旅游商品并重发展道路，打造中国唐卡艺术之都的品牌。发展多方面、多层次、方便易携带金银首饰、银器酒具、玉石产品等西藏特色旅游产品。第二，藏香。推动建立藏香生产工艺标准及产品标准体系。围绕民族特需及旅游消费需求，开发香包、香水、香囊、香枕等藏香产品。第三，藏式纺织品。引导藏毯企业提高技术水平，实现洗毛、纺纱、地毯纱染色等工序集中化和专业化。开发西藏服饰、围巾、披巾、帽子、桌布、手包、钱包等藏式纺织品，推动藏式纺织品从制造环节向体验环节延伸。第四，藏式家具。规范藏式家具取材、切割、雕刻、彩绘、组装、上色等制作工艺。申请注册"藏式手工工具"地理标志，加强设计创新，开发符合现代消费需求的新型藏式家居，大力开拓区内外高端家居市场。

（二）西藏民族手工业发展的对策建议

1.西藏民族手工业发展重点举措。第一，推动民族手工业精品化发展和品牌化拓展。大力提高民族手工业生产工艺和产品设计水平，适当引入现代化工业生产管理模式，稳步提高产品质量，打造精品。不断挖掘民族手工艺品文化内涵，打造民族特色品牌。鼓励发展手工业地理标志产品。完善传统工艺、技艺认定保护制度。第二，创新传统民族手工业商业模式。积极推广定制化生产模式，采取电子商务营销模式，拓宽市场营销渠道，促进与旅游、文化产业相融合，突出民族特色与地域特色。第三，加强对特色手工艺和传承艺人保护与人才培养。充分发挥民族手工业行业协会作用，加强对西藏特色手工艺和传承艺人保护。提高对手工艺传承艺人奖励标准，制定手工艺传承艺人培养计划。

---

① 何燕，张长耀，孙自保.西藏产业结构与就业结构协调发展研究[J].西藏民族大学学报（哲学社会科学版），2021—03—15.

2.西藏民族手工业发展的具体措施

第一,实施分类指导发展战略,推动产业结构调整。对西藏民族手工业企业类型和产品类别进行科学归类划分,制定分类指导和扶持发展战略。一是针对具有各级非物质文化遗产产品品类,坚持适应高端消费和满足大众需求两条腿走路原则,以品牌为导向,一方面保留传统工艺,制造精品,服务高端消费人群;另一方面通过适度引进现代化设备,实现标准化和规模化生产,降低生产成本,扩大有效供给,满足更多中低端消费需求。二是扶持龙头企业和特色企业、专业合作社或其它实体发展并举。对具有规模化发展基础的藏毯、藏香等民族手工业,积极扶持龙头企业发展,鼓励通过兼并重组和战略合作,逐步形成企业集团,发挥规模经济优势,提高防范风险能力,并带动其它企业发展。对具有特色的小微企业、专业合作社或其它实体,鼓励走专、特、精之路,努力塑造特色产品和特色品牌。三是推进"农户/作坊+专业合作社/公司"民族手工业发展模式,引导鼓励农牧区分散的民族手工业作坊向专业合作社、企业化经营方式转变,实现科学分工,形成大中小企业协调发展,布局集聚化,产品特色化,经营企业化的现代民族手工业发展格局。

第二,加强传统技艺传承保护,巩固发展根基。一是加快建立西藏民族手工业协会及藏香、唐卡、藏式家具、民族特色旅游商品等分行业协会。依托行业协会,全面调查登记收集整理西藏民族民间工艺技术、人才、原材料档案,建立西藏民间工艺图文资料数据库,摸清民族手工业家底,掌握民族手工艺动态,从民族民间文化遗产存续和保护角度对其中具有重要历史、文化价值或濒临消亡的民族民间工艺予以梳理认定,确立保护工艺和重点项目,对其进行抢救挖掘整理与恢复。组织具有一技之长的民间工艺艺人积极申报国家及西藏自治区级工艺美术大师。定期举办民族民间工艺艺人技能大赛。加强技术标准研究制订和行业规范自律,发挥其在政府和企业间桥梁作用。二是建立西藏传统工艺保护研究中心、传统工艺人才信息资料库和传统工艺人才培训中心，培养传承人，传承保护民间工艺技术，弘扬优秀传统文化。三是鼓励建设私立手工艺博物馆，更好发挥其对手工艺品收集传承宣传教育启迪作用。

第三，推动技术创新，提升产品质量。加快建立由政府投资的西藏手工业产品技术研发中心，推动民族手工业工艺、产品改进创新。鼓励民族手工业企业加快提升产品开发设计能力，着力开发突出历史文化元素和地域特征的特色旅游商品，增加新品种供给和品质提升，满足市场新需求。积极引导大学和科研机构开展与民族手工艺及产品相关的技术研发，定期与企业开展信息、技术和人才交流，加大研究成果转化应用。借鉴国内其它地区及国外民族手工艺品成功经验，适时引入现代技术和设备，推动民族手工业传统工艺与现代装备、技术结合，提高民族手工业企业装备技术水平。推进主要民族手工艺品种标准体系建设。加快制定藏毯、藏式服装、唐卡、藏香、藏刀、藏式家具等民族手工业品种技术标准，对原材料选用、制作工艺、技术要求、产品分类、标志、包装等方面进行规范，指导生产企业、专业合作社和个体作坊规范化生产，适度推进民族手工业产品生产专业化、标准化。加快重要民族手工艺品国家地理标志申报认证，对于获得国家地理标志的扎囊氆氇等民族手工艺品，督促所有生产者严格按照工艺标准进行生产销售，保证产品质量。

第四，实施品牌引领战略，打造竞争优势。加大品牌培育力度。对国家与自治区确定的名牌产品和品牌培育示范企业、自治区人民政府命名的西藏"名、优、新、特"产品、国家和自治区有关部门评定的优质产品及旅游纪念品设计大赛获奖产品等优先扶持发展。制定西藏民族手工业重点品牌培育库，分梯次备选我国驰名商标、西藏著名商标。组织专家对入选品牌培育库的企业开展品牌建设专业培训，引导企业加强商标注册和专利申请，强化企业品牌建设、保护推广意识。鼓励企业开展技术改造，改善生产环境，建立质量管理体系，严把产品质量关，为品牌建设奠定质量基础。

充分发挥政府职能部门作用，组织开展企业质量信誉和质量诚信承诺活动，严厉打击不正当竞争，维护品牌企业合法权益，为名牌产品及品牌企业创造公平竞争环境。

第五，加强民族手工业人才培养，夯实发展基础。坚持师徒传承与多种培养、教育模式相结合，将培育精益求精的工匠精神融入民族手工业人才培养体系，健全各层次民族手工业人才资助奖励机制，为民族手工业传承发展奠定人才基础。一是加快制定自治区民间艺人管理办法，对民间艺人开展规范化管理，更好发挥民间艺人在弘扬特色文化和传承传统技艺方面的突出作用。二是完善师承制度，依托国家级和省级工艺美术大师、非物质文化遗产传承人、民间艺人等优势资源，通过技艺传承，培养民族手工业骨干人才队伍。三是依托民族手工业协会，制定科学、标准、量化的民族手工业大师和工匠评定办法，认定一批自治区民族手工业大师和匠人，切实提高社会待遇。四是加快建立民族手工业人才交流中心及教育培训等中介机构，推广校企结合的培训模式，为企业输送人才。五是支持企业建立民族手工业技艺培训中心，发挥传承人突出作用，以传帮带等形式重点培养唐卡、藏毯、旅游纪念品等开发设计、制作人员。六是实施民间工艺进学校战略，通过行政手段保障西藏民间工艺成为学生素质教育的重要内容。七是在西藏高校增设民族工艺美术专业，加强对民族手工业专业技术人才和销售人才培养。八是鼓励成立大师工作室，支持行业协会建立民族手工业交流平台，促进民族手工业企业间相互交流沟通，实现知识外溢。九是依托藏大、四川美院、川大艺术学院等平台，形成大师进校园讲学和学习进修机制。

第六，重视营销平台建设，创新民族手工业传播方式。结合旅游业发展，积极发展政府和社会资本共同投资的西藏和区域性民族手工业名优产品展示、展销市场和平台，拓宽营销渠道。一是加快推进电子商务，引导民族手工业企业和生产者采用"互联网＋"营销模式，充分利用"藏商汇"、"西藏特色馆"、"藏货通天下"、"爱西藏"、"南亚货达通"等现有综合平台开展网络营销，主动适应商业发展新业态要求。二是鼓励民族手工艺品线上线下融合发展，在区内外开设一批民族手工艺品线下体验店，扩大西藏民族手工艺品网络营销规模，引导民族手工业与电子商务融合发展。三是依托传统节假日活动、文化旅游节、文化产业博览会等向社会各界推介大师和优秀民族手工业艺人及其作品，积极组织国家级、省级大师优秀作品和骨干企业、民间艺人参加各类文化产业博览会、工艺美术精品博览会、经贸展销会。四是重视运用新媒体传播民族手工业文化形式和特色，以时尚、商业定制、公益教育等形式探索开发合适传播渠道，借力新媒体平台，扩大西藏民族手工业文化影响力。

第七，建设民族手工业文化旅游示范基地，促进产业融合和集聚发展。加快推进拉萨市民族手工业集中区、西藏文化旅游创意园区、日喀则市亚美民族文化产业区、山南市扎囊民族手工业集中园和白朗民族手工业园等园区建设，在那曲、阿里培育有区域特色的民族手工业原料供应及加工基地。完善园区及基地交通、通讯、网络、水电等基础设施建设和功能提升改造，引导民族手工业企业入园发展。推动民族手工业产业有序集聚，形成一批集聚效应明显、孵化功能突出的民族手工业产业园。充分利用藏毯、氆氇、邦典、唐卡、藏香、藏式家具等民族手工艺品生产过程的观赏性，依托民族手工业产业园、民族手工业特色乡镇或村落，将民族手工业发展与文化旅游开发相结合，吸引国内外游客参与传统民族手工艺品生产制作，实施体验营销，深度挖掘购买潜力。以民族手工业丰富旅游服务业内涵和形态，以旅游服务业带动传统民族手工业转型发展，探索民族手工业与旅游文化业融合发展经济模式。

第八章 西藏节能环保产业发展专题

一、西藏节能环保产业发展的基础与成就

（一）西藏节能环保产业发展的基础

我国"十二五"节能环保产业发展规划对节能环保产业给出明确界定。认为节能环保产业就是指为节约能源资源、发展循环经济、保护生态环境提供物质基础和技术保障的产业，涉及节能环保技术设备、产品和服务等领域，主要包括节能产业、环保产业和资源循环利用产业。2013年《国务院关于加快发展节能环保产业的意见》对于节能环保产业相关概念进行进一步明确，指出节能是指尽可能减少能源消耗量，生产出与原来同样数量、同样质量的产品；或者是以原来同样数量的能源消耗量，生产出比原来数量更多或数量相等但质量更好的产品。环保产业是指在国民经济结构中，以防治环境污染、改善生态环境、保护自然资源为目的而进行的技术产品开发、商业流通、资源利用、信息服务、工程承包等活动总称。环保产业是一个跨产业、跨领域、跨地域，且与其他经济部门相互交叉、相互渗透的综合性新兴产业。因此有专家提出，将节能环保产业列为继"知识产业"之后的"第五产业"。节能环保产业是指为节约能源资源、发展循环经济、保护生态环境提供物质基础和技术保障的产业，是国家加快培育和发展的7个战略性新兴产业之一。节能环保产业涉及节能环保技术装备、产品和服务，产业链长，关联度大，吸纳就业能力强，对经济增长拉动作用明显。发展节能环保产业是调整经济结构、转变经济发展方式内在要求，是推动节能减排，发展绿色经济和循环经济，建设资源节约型环境友好型社会，

积极应对气候变化，抢占未来竞争制高点的战略选择。

西藏作为我国重要的生态屏障，资源丰富，生态脆弱，发展节能环保产业既必要又重要。党中央对西藏生态环境给予高度重视，为西藏节能环保产业发展提供有利外部发展环境。西藏大力推进节能减排，发展循环经济，推进资源节约型和环境友好型社会建设，为西藏节能环保产业发展创造发展空间，促进节能环保产业加快发展。

1. 节能环保产业发展税收政策。2014年，西藏印发《西藏自治区人民政府关于加快发展节能环保产业的实施意见》指出，自治区政府将强化约束激励，为节能环保企业发展营造有利市场政策环境，包括加大财税政策支持力度，拓宽节能环保企业融资渠道。2014年5月，西藏印发《西藏自治区企业所得税政策实施办法》，对西藏绿色产业和环保项目税收进行调整，具体内容：第一，投资太阳能、风能、沼气等绿色新能源建设经营的，自项目取得第一笔生产经营收入所属纳税年度起，免征企业所得税7年。第二，符合国家和自治区环境保护要求的污水处理和垃圾回收项目，自项目取得第一笔生产经营收入所属纳税年度起，免征企业所得税8年。第三，符合条件的节能服务公司实施合同能源管理项目，符合《企业所得税法》有关规定的，自项目取得第一笔生产经营收入所属纳税年度起，免征企业所得税6年。第四，除上述项目外，对符合国家和自治区环境保护、节能减排要求的其他绿色产业或项目，自项目取得第一笔生产经营收入所属纳税年度起，免征企业所得税5年。

2. 节能环保产业发展的财政支持。西藏节能环保产业公共属性明显，政府投资是西藏节能环保产发展的主要手段。"十二五"以来，西藏不断加大节能环保投入，为西藏节能环保产业持续稳定发展提供保障。2010年，西藏节能环保支出16.05亿元，占当年GDP的2.62%。2015年西藏节能环保支出增长到56.83亿元，占当年GDP的5.05%，增长254.08%。"十三五"期间，西藏在节能环保方面的财政支出整体表现出稳步上升良好态势，财政年节能环保支出基本保持在 45 亿元左右,为西藏节能环保业发展提供坚强保障。

表 9—1 2011 年来节能环保支出,地方合计

年份	节能环保支出(亿元)	节能环保支出占 GDP 的比例(%)
2011	16.05	2.62
2012	23.67	3.38
2013	17.21	2.11
2014	29.23	3.17
2015	56.83	5.05
2016	33.05	2.82
2017	46.64	3.56
2018	44.93	2.90
2019	40.91	2.41

数据来源:历年西藏统计年鉴整理所得

与全国其他省份相似,西藏节能环保支出中占比最大的是环境污染治理,表 9—1 为"十一五"以来西藏环境污染治理投资情况,整体来看除 2011 年外,西藏环境污染投资的 GDP 占比总体呈稳步上升趋势。结合表 9—2 看,环境污染投资在节能环保支出中占比大,其中 2017 年环境污染治理投资占节能环保支出的比重高达 58%,环境污染治理是西藏节能环保业的主要投资发展方向。

表 9—2 2005 年以来环境污染治理投资占 GDP 比重(%)

年份	环境污染治理投资占 GDP 比重(%)
2005	0.19
2006	0.59
2007	0.15
2008	0.05

2009	0.61
2010	0.06
2011	4.66
2012	0.57
2013	3.5
2014	1.56
2015	0.81
2016	1.22
2017	2.07

数据来源：历年中国环境统计年鉴整理所得

3. 节能环保产业发展法律政策。国家高度重视节能减排工作，2013年国务院颁发《关于加快发展节能环保产业的意见》为我国节能环保产业发展指明方向，并要求各级政府必须为节能环保产业发展营造有利市场政策环境。西藏结合自身环境及环保产业发展实际，不断探索符合西藏特点要求的节能环保产业发展之路。2014年7月，自治区政府印发《西藏自治区人民政府关于加快发展节能环保产业的实施意见》明确指出，实施污染治理工作。重点包括，加大大气污染治理力度，加快国民经济重点行业脱硫、脱硝、除尘改造。到2015年末，对现役新型干法水泥窑实施低氮燃烧技术改造，日熟料生产规模在4000吨以上的生产线必须全面实施脱硝改造。全面整治燃煤小锅炉。2017年，西藏地级及以上城市建成区淘汰10蒸吨及以下燃煤锅炉，禁止新建20蒸吨及以下燃煤锅炉。加快提升车用燃料品质，限期淘汰黄标车、老旧汽车。到2015年底西藏将全部淘汰2005年前注册的运营黄标车。到2017年底，西藏西藏全部淘汰全部黄标车。①节能环保

---

① 西藏自治区人民政府关于加快发展节能环保产业的实施意见，西藏自治区人民政府，2014.

措施推进，拉动节能环保市场需求，促使西藏节能环保企业市场占有率不断提高，为节能环保业规范发展指明前进方向。

（二）西藏节能环保产业发展的成就

1. 西藏节能环保产业总体规模不断扩大。我国节能环保产业作为新兴产业，总体处于产业发展初期。从投资情况看，"七五"期间，我国环保产业投资476.42亿元，"八五"期间，我国环保产业投资1,306.57亿元，"九五"期间，我国环保产业投资3,447.52亿元，"十五"期间，我国环保产业投资突破70,00亿元，"十一五"期间投资我国环保产业投资13,750亿元，"十二五"期间，我国节能环保产业发展更为迅速，以15%—20%的速度增长，环保投资额高达34,000亿元，"十三五"我国节能环保产业年增速超过20%，全社会投资规模170,000亿元。从产业总产值看，2008年我国节能环保产业总产值达到1.41万亿元，2010年达到2万亿元，2012年达到2.8万亿元。[①] 我国节能环保产业整体呈现出"东高西低"产业区域布局。因为无法获得西藏节能环保产业产值数据，本书从节能环保一个方面，即废弃资源综合利用方面进行分析。统计显示，2012年西藏废弃资源综合利用企业1家，"十二五"末西藏仅有两家废弃资源综合利用企业。"十三五"期间，西藏废弃资源综合利用企业迅速增加，截止2019年底，增加到22个。废弃资源综合利用企业迅速增加，表明西藏节能环保产业处于快速发展阶段。

---

① 郭建卿，李孟刚. 我国节能环保产业发展难点及突破策略[J]. 经济纵横，2016—06—10.

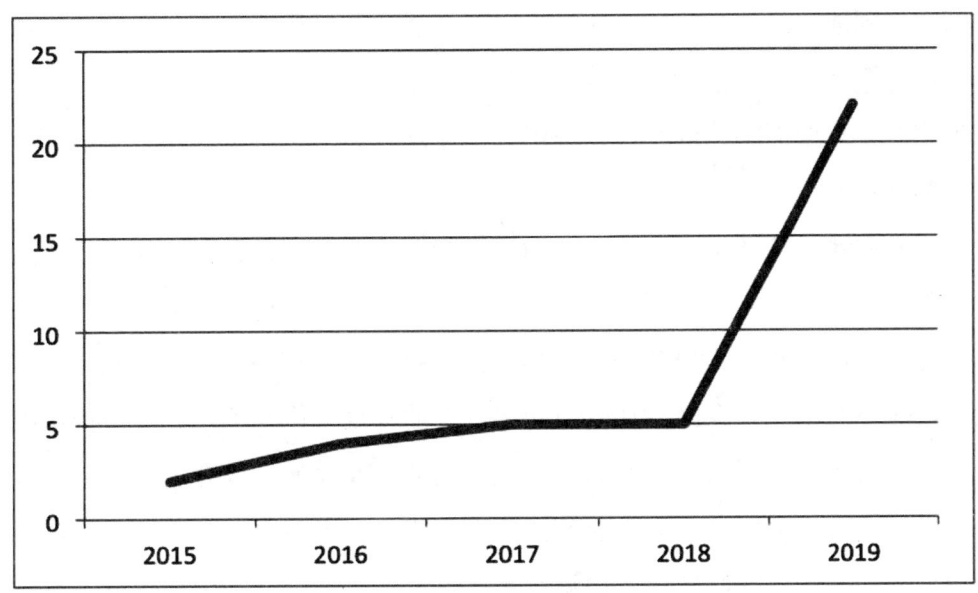

图 9—1 2015 年来西藏废弃资源综合利用企业数

2. 西藏节能环保产业发展领域较为明确。从产业发展重点方向和主要任务看，西藏节能环保产业发展主要集中在三大领域：一是高效节能领域。主要包括发展节能新技术新装备，鼓励开发和推广应用高效节能产品，发展节能建筑、节能交通工具以及推行合同能源管理新业态。西藏在节能领域的发展主要包括：纯低温余热发电技术得到应用，高效节能装备产品得以推广应用，节能服务业逐步发展。二是先进环保领域。主要包括：一方面，通过技术创新和集成应用解水、大气、土壤污染等危害人民群众身体健康的突出环境问题，推动相关领域开发和产业化发展；另一方面，探索更加专业化、市场化、社会化新型环保服务模式，推进环保服务业发展。西藏在环保领域发展有如下几个方面：城市污水处理厂、烟气脱硫脱硝设施建设进程加快，环保服务市场化程度不断提高。三是资源循环利用领域。主要通过源头减量、资源化、零排放、产业链接等新技术的开发，提高资源产出率，重点发展资源的综合利用、再生利用以及资源化利用。西藏资源循环利用领域取得显著发展成就，表现在：第一，在可再生能源利用方面,太阳能、风能、沼气、地热能等新型能源在西藏得到大范围的推广和应用。第二,在清洁生产领域,西藏通过原材料筛选、分拣等前处理生产工序,实现全面的清洁生产,采用低温连续分离工艺技术,建立质量安全控制体系。

3.西藏节能环保产业产业结构初具雏形。西藏已夯实节能环保产业发展基础,形成一定节能环保产业发展规模,发展势头良好。第一,在新能源开发利用方面。2009年,成立的龙源西藏新能源有限公司,是龙源电力集团股份有限公司在西藏从事新能源开发的建设主体和单位。公司响应国家产业政策,依托西藏丰富的太阳能、地热能及风能,致力于西藏电力事业发展,为推动西藏电力事业节能技术进步,促进西藏能源节约和建设资源节约型、环境友好型现代化新西藏贡献力量。2010年12月31日,西藏第一座大型并网光伏电站—龙源西藏羊八井10兆瓦光伏电站并网发电,2010年至2015年,龙源西藏新能源有限公司先后在西藏三个地区投资建设5个光伏项目,装机容量80兆瓦,投资15亿元,为西藏经济建设和电力供应提供强有力支撑。第二,环保设备生产方面。2019年,西藏高地节能环保技术有限公司在拉萨注册成立,注册资本1亿元,从事制冷设备、机电设备、除尘设备、电力机械设备、自产节能环保产品、太阳能系统工程设备等的销售安装,西藏高地节能有限公司为西藏节能环保产业发展提供强有力装备设备支持。第三,节能环保服务业方面。伴随西藏节能环保产业快速发展,节能环保产业服务业营运而生。与节能环保产业相比,西藏节能环保服务业的经济组织,注册资本少,主要为西藏节能环保产业提供技术开发、技术咨询等服务。西藏规模较大节能环保服务组织是2016年注册成立的西藏崇伟节能环保科技有限公司,这家公司主要经营能源环保领域技术开发、技术转让、技术咨询和技术服务,新能源技术服务、应用推广。总体而言,西藏节能环保产业发展已初具雏形,呈现出不断优化调整、蓬勃发展的良好态势。

4.西藏节能环保产业试点示范引领。拉萨市作为西藏省会首府城市，城市化率相对较高，产业聚集性强，战略意义重大。自治区政府历来重视拉萨市的环保产业发展，立意将拉萨市打造为西藏全域的节能产业示范区。统计显示，2011年拉萨市填埋垃圾18万吨，无害化处理率达到95%。2018年，拉萨市、日喀则市被纳入国家垃圾强制分类试点城市。2019年，拉萨市、日喀则市的下属各县城及以上的城镇生活垃圾无害化处理率达到96.76%。2013年，拉萨市再生资源回收集散市场投入使用，市场年垃圾处理能力达到20万吨，填补西藏现代再生资源回收体系空白，改变西藏再生资源外运处理被动局面。2018年《西藏自治区"十三五"时期产业发展总体规划》指出，节能环保产业主要集聚于拉萨市、日喀则市、山南市的产业园区。西藏节能环保产业集中于拉萨市、日喀则市、山南市等地的产业园区，为西藏其他地市节能环保产业发展提供示范。

二、西藏节能环保产业发展的经验与形势研判

（一）西藏节能环保产业发展的经验

1.节能行业发展。"十一五"规划纲要首次提出节能减排发展新理念，其内涵就是要节约能源，减少温室气体排放。在这之前我国节能行动一般融合在环境保护产业中，没有单独划分出来。随着能源短缺、气候变暖、温室气体引发的灾害频发，减少温室气体排放成为全世界的普遍和迫切诉求，节能产业重要性和发展紧迫性全面凸显。2009年，哥本哈根气候会议后，世界各国纷纷致力于降低单位GDP的能耗强度，并将控制温室气体排放作为本国行动目标。

西藏响应国家减排号召，优化产业结构，严格控制高能耗产业规模，大力实施节能减排工程，将高效利用能源和全面降低污染作为经济发展重要目标，加快经济方式转变，为各族人民提供更加美好生活环境，取得显

著成效：第一，单位 GDP 能耗不断降低。2005 年，西藏单位 GDP 能耗为 1.45 吨标准煤/万元，"十一五"末西藏单位 GDP 能耗下降 12%，2010 年，西藏单位 GDP 能耗为 1.28 吨标准煤/万元。2015 年，西藏万元地区生产总值能耗下降到 1.148 吨标准煤，比 2010 年的 1.276 吨标准煤下降 10%，比 2005 年的 1.45 吨标准煤下降 20.80%。《西藏自治区"十三五"节能减排规划暨实施方案》提出，2020 年西藏万元单位生产总值能耗比 2015 年下降 10%。总体来看，西藏综合能耗基本保持每五年下降 10% 的水平。第二，西藏化学需氧量、二氧化硫、氨氮和氨氮化物等排放显著下降。西藏高度重视化学需氧量、二氧化硫、氨氮和氨氮化物等排放对环境造成的危害，严格控制排放总量，各个五年规划中均明确提出化学需氧量、二氧化硫、氨氮和氨氮化物的排放总量要求。2005 年，西藏化学需氧量、二氧化硫、氨氮和氨氮化物排放总量分别被控制在 1.4 万吨、0.4 万吨、0.1 万吨和 3.8 万吨；2010 年，西藏化学需氧量、二氧化硫、氨氮和氨氮化物排放总量分别被控制在 0.2 万吨、0.4 万吨、0.18 万吨和 3.3 万吨；2015 年，西藏化学需氧量、二氧化硫、氨氮和氨氮化物排放总量被分别控制在 2.88 万吨、0.4 万吨、0.34 万吨和 3.8 万吨。《西藏自治区"十三五"节能减排规划暨实施方案》提出，"十三五"末西藏化学需氧量、氨氮、二氧化硫、氮氧化物排放总量分别控制在 2.9 万吨、0.3 万吨、0.5 万吨、5.3 万吨。

2. 环保产业发展。和平解放 70 年来，伴随西藏城乡居民生活水平的显著提高，西藏城市化率逐年提高。1990 年，西藏城镇人口 28 万人，占西藏总人口的 12.59%。2019 年，西藏城镇人口达到 111 万人，占西藏总人口的 31.5%。城镇人口增加，城市生活垃圾量激增。能否有效、科学处理好城市生活垃圾，直接影响西藏城镇化建设和可持续发展。资料显示，和平解放至 1996 年，西藏城市化率不断提高，城市垃圾没有集中清运处理，由于缺乏垃圾集中处理，垃圾随意堆放，对可持续发展造成威胁。1996 年，西藏开始实行城市垃圾集中清运，但尚未集中处理，1996 年，西藏城市生活垃圾清运量19.3万吨。1996年至"十五"初期，西藏没有建设垃圾处理厂。为解决日益突出的生活垃圾处理问题，2002年，建成西藏第一家垃圾处理厂—林芝市巴宜区生活垃圾填埋场，项目建设总投资3,210万元，主要通关填埋方式处理城市生活垃圾，设计日均处理规模2002年24.81吨/天、2012年62.19吨/天、2020年76.61吨/天。2018年西藏第一家城市生活垃圾焚烧发电厂—拉萨盛运环保电力有限公司正式成立，这是西藏唯一一家垃圾焚烧厂，日垃圾处理能力700吨。垃圾发电厂不仅减少拉萨垃圾污染，还制造电能，在一定程度上减少拉萨用电负担，实现垃圾资源化、无害化处理。拉萨生活垃圾填埋场不再填满生活垃圾，主要用于填埋垃圾焚烧发电厂废渣。

2019年，西藏6个地级市和1个地区，建成城市生活垃圾无害化处理厂8座。其中，城市生活垃圾无害化卫生填埋厂7座，城市生活垃圾无害化焚烧处理厂1座。城市生活垃圾无害化日处理能力2123吨，城市生活垃圾卫生填埋无害化日处理能力1420吨，城市生活垃圾无害化焚烧日处理能力703吨。城市生活垃圾无害化处理量636万吨，城市生活垃圾无害化卫生填埋处理量38万吨，城市生活垃圾无害化焚烧处理量257万吨，城市生活垃圾无害化处理率98.3%，西藏县城生活垃圾处理率95.93%，西藏县城生活垃圾无害化处理率92.92%。

3.资源综合利用。2005年，国务院发布《关于加快发展循环经济的若干意见》，这是我国第一个循环经济发展的纲领性文件，明确提出将发展循环经济作为"十一五"时期的重大战略任务。循环经济技术被列入国家中长期科技发展规划，致力于推动循环经济关键的共性技术研发，通过实施循环经济技术产业化示范项目，一大批先进的适用的循环经济技术得到推广应用。党的十七大报告首次把资源环境问题列为我国面临的首要问题，提出循环经济要形成较大规模、建设生态文明目标，再生金属产业发展环境完善。党的十九大报告明确提出建立健全绿色低碳循环发展经济体系，并将发展绿色低碳循环经济作为推进生态文明、建设美丽中国的重要内容。

西藏资源综合利用起步较晚，相比于其它省市地区相对落后，自治区政府积极响应国家号召大力推进西藏资源综合利用。近年来以建设拉萨市、日喀则市先行示范区建设为载体，大力构建循环型产业体系、不断提高资源循环利用水平、切实加大体制机制创新，探索走出一条经济社会发展与生态环境保护相协调的绿色发展之路。

城市生活垃圾分类回收。2017年3月，在国家发展改革委、住建部等联合出台《生活垃圾分类制度实施方案》的背景下，西藏推进生活垃圾分类工作。2018年，出台的《西藏自治区生活垃圾分类制度实施方案》明确提出，西藏各地市各部门要将西藏生活垃圾分类作为推进绿色发展重要举措，兼顾强制分类试点城市和重点区域，加快建立分类投放、分类收集、分类运输、分类处理的垃圾处理系统，强化垃圾基础设施管理运营能力建设，坚持"政府推动、全民参与，因地制宜、循序渐进，完善机制、创新发展，统筹兼顾、突出重点，协同推进、有效衔接"的原则，不断完善城市管理和服务，创造优良的人居环境，力争使垃圾分类处理能力与建设生态大区要求相适应。其中，拉萨市、日喀则市先行实施生活垃圾强制分类，其它地市因地制宜加快推进垃圾分类。城市生活垃圾分类在一定程度上有助于资源回收再利用。废弃资源综合利用企业数从2012年1个迅速发展为2019年的22个，其中金属废料和碎屑加工企业5个。2017年，西藏污水处理及其再生利用企业法人仅1家，2019年，西藏污水处理及其再生利用企业法人5家。一般工业废物综合利用量波动下降，从2011年的8.21万吨，波动下降至2018年的7万吨，但废物利用率稳步上升。

（二）西藏节能环保产业发展的形势研判

碳达峰和碳中和时代背景为西藏环保节能产业发展提出新要求。我国作为发展中国家，经济发展需要大量煤炭作为能源支持，改革开放以来碳排放呈现不断增加态势。2020年，我国碳排放量达到98.99亿吨，占全球碳排放量的30.7%。虽然我国人均碳排放量不到美国人均碳排放量的一半。但从对人类可持续发展高度负责立场出发，我国历来重视碳排放并对全世界做出众多承诺。2009年，在哥本哈根举行的联合国气候变化峰会上我国承诺2020年单位GDP二氧化碳排放比2005年下降40—45%，非化石能源占一次能源消费比重达到15%左右。2015年，我国向联合国提交《强化应对气候变化行动—中国国家自主贡献》，确定到2030年的4项自主行动目标，即：第一，2030年二氧化碳排放达到峰会并争取尽早达峰。第二，单位GDP二氧化碳排放比2005年下降60—65%。第三，非化石能源占一次能源消费比重达到20%左右。第四，森林蓄积量比2005年增加45亿立方米左右。2020年我国在联合国气候大会上提出，二氧化碳排放力争于2030年前达到峰值，努力争取2060年前实现碳中和，2020到2030年，单位GDP二氧化碳排放将比2005年下降65%以上，非化石能源占一次能源比重将达到25%左右，森林蓄积量将比2005年增加60亿立方米，风电、太阳能发电总装机容量将达到12亿千瓦以上。2021年政府工作报告提出，2021年实现单位GDP能耗降低3%左右，主要污染物排放量继续显著下降，GDP能耗和二氧化碳排放分别降低13.5%和18%，森林覆盖率达到24.1%。2021年12月10日的中央经济工作会议明确提出，实现碳达峰碳中和是推动发展内在要求，要坚定不移推进，但不可能毕其功于一役。力争2030年前实现碳达峰、2060年前实现碳中和，是党中央经过深思熟虑作出的重大战略决策，是我国向世界作出的庄严承诺，体现负责任的大国担当；实现双碳目标，是推动发展的必答题；实现碳达峰碳中和是一场广泛而深刻的经济社会系统性变革，必须坚定不移地贯彻新发展理念，处理好发展和减排、整体和局部、短期和中长期的关系。实现碳达峰碳中和要统筹处理好立与破、减碳与安全、政府与市场、国内与国际等多维度关系。必须在目标上坚定不移，在策略上稳中求进，通过重塑我国能源结构，转变生产方式和生活方式，实现中华民族永续发展。这一时代背景要求西藏必须大量发展环保节能产业，实现环保节能产业发展。

三、西藏节能环保产业发展的定位与对策

（一）西藏节能环保产业发展的基本定位

节能环保产业是指为节约能源资源、发展循环经济、保护生态环境提供物质基础和技术保障的产业，是国家加培育发展的战略性新兴产业之一。节能环保产业涉及节能环保技术装备、产品和服务等，产业链长，关联度大，吸纳就业能力强，对经济增长拉动作用明显。发展节能环保产业，是调整经济结构、转变经济发展方式的内在要求，对推动节能减排，发展绿色经济和循环经济，建设资源节约型环境友好型社会，积极应对气候变化具有十分重要的意义。西藏大力推进节能减排，发展循环经济，推进资源节约型环境友好型社会建设，为节能环保产业发展创造发展空间，节能环保产业有所发展。在节能领域，纯低温余热发电技术得到应用，高效节能装备产品得以推广应用，节能服务业逐步发展。在清洁生产领域，通过原材料筛选、分拣等前处理生产工序，实现清洁生产，采用低温连续分离工艺技术，建立质量安全控制体系。在环保领域，城市污水处理厂、烟气脱硫脱硝设施建设进程加快，环保服务市场化程度不断提高。在可再生能源利用方面，太阳能、风能、沼气、地热能等得以推广和应用。

未来，西藏应培育建成一批具有综合环境服务能力的中型节能环保公司；产业集聚程度提高，建成一批能够有效提升资源能源利用效率的节能装备推广基地；推广低温余热余压技术、脱硝催化剂和废旧电子废弃物提取有价元素技术；推广我国具有完全自主知识产权节能环保技术、装备产品。重点开展以下工程：第一，能源系统优化技术推广应用工程。重点在水泥等高耗能行业推广应用能源系统优化技术和装备，对能源利用效率高、污染物排放量小、经济效益高的关键技术和产品，实行规模化生产，推广

应用高效节能技术集成方案。第二，建筑节能关键技术和装备培育及产业化工程。改变建材业高耗能、高污染行业现状，扶持研发高性能墙体复合保温材料、建筑蓄能技术等建筑材料和产品的中小型高新技术企业；推广被动式低耗能建筑、智能建筑、绿色建筑等新型节能建筑；持续实施建筑节能改造。第三，加大大气灰霾综合治理关键技术培育与转化工程。西藏湛蓝的天空是西藏的名片，为维护好西藏蓝天，开展灰霾成套在线监测设备研发与生产；颗粒物控制技术与装备、机动车尾气净化技术与装备、脱硫脱硝技术与装备、多污染物协同控制技术与设备研发生产。第四，水污染防治重点技术成果转化与推广应用工程。加大西藏水资源污染治理整治，保护"西藏好水"，适应《水污染防治行动计划》要求，根据水污染防治重点领域对象，在工业污染控制方面，重点加快冶金、制药、化工、食品加工等行业重点技术成果转化与应用推广；针对城市污染，重点加快城镇污水处理厂提标改造，MBR技术不断扩大市场，膜技术拓展应用范围；针对面源治理，加快推动畜禽养殖集中处理，扩大分散型村镇污水治理社会需求。第五，城市矿产开发利用技术推广应用工程。建立废旧金属城市回收利用体系，开展城市矿产开发利用关键共性技术推广应用，促进再生资源循环利用技术实现产业化，开发一批高品质资源化产品。

（二）西藏节能环保产业发展的对策建议

1.西藏节能环保产业发展的重点领域。围绕建设重要生态安全屏障，加强对重点领域节能环保技术改造与产业培育相结合的技术指导，推动再生资源综合利用产业化，加大培育节能环保服务市场力度，促进节能环保产业发展，打造国家生态文明示范区，建设美丽西藏。重点做好：第一，提升节能环保技术装备水平。筛选经济高效适合西藏自然地理环境的土壤重金属污染修复技术。大力开发适应高寒特点节水和污水处理新技术、新工艺、新设备。推广应用建筑节能新技术新工艺。第二，建立节能环保服务体系。积极推行合同能源管理、工业第三方治理、环境治理特许经营、合同环境服务等经营模式。支持西藏区内企业加强与区外节能服务机构的合作与交流，培养西藏区内节能技术服务企业，逐步完善节能技术社会化服务体系；第三，大力发展循环经济，深化废弃物综合利用。推动规模化畜养殖废物资源化利用，加大生物质燃料等综合利用技术研发与示范力度，支持发展利用采选矿废渣发展新型建材的资源综合利用技术，推动生态工业园和循环经济产业园建设；第四，大力发展与节能环保相关的重点产业。大力推进以水能、太阳能、风能及地热能为重点的非化石能源发电。大力发展新型墙体材料、防水密封材料、保温材料等绿色建材产业；第五，以节能环保项目为牵引抓手，引入环境治理龙头企业。以项目为抓手，在草原、土壤、矿山修复和污水治理领域，引进国内行业领先环境治理企业，支持西藏国土生态绿色化集团有限公司发展壮大，建设产业基地，快速壮大节能环保产业，提升产业技术水平；第六，多渠道争取项目、资金。加大环保项目策划包装，结合中央和西藏的产业政策，增加向有关部委推荐环保项目数量，加强与援藏省市合作，争取资金，释放节能环保产品、设备、服务消费和投资需求，有力拉动节能环保产业发展。

2. 西藏节能环保产业发展的具体措施。第一，健全法规标准体系，培育良好市场环境。健全节能环保产业法律法规，在国家完善《节约能源法》《环境保护法》基础上出台西藏相关配套政策。构建节能环保技术产品标准体系，建立节能环保产业统计核算体系、逐步提高重点用能产品能效标准、重点行业能耗限额标准和污染物排放标准等。健全节能环保产业市场准入制度，完善各类节能环保企业资质认定和特许经营权制度；加强固定资产投资项目节能评估和审查制度；改革环境审批制度，重构环境影响评价制度等相关制度。完善市场监管体系，整顿和规范市场秩序，制定违规处罚机制，形成反向约束。

第二，完善经济激励政策，促进资源合理配置。建立碳排放权、节能量和排污权交易制度；推行政府购买环境服务模式；加快工业污染第三方治理政策制定及相关环保产业政策修改；对节能投资利用市场化机制实行股权激励。完善和落实资源价格形成机制，推进建立上、下游价格联动机制；设立节能环保产业专项扶持引导资金，完善财税、用地等优惠政策，对技术研发、设备购置和装备制造以及鼓励类项目给予优惠；对不符合节能环保要求的企业和项目在财税、贷款等方面予以限制。鉴于西藏节能环保产业所处发展阶段仍需继续加大中央预算内投资和财政资金的扶持力度。优化财政支持方向和方式，主要用于培养优势节能环保企业、扶持产业项目、鼓励技术研发和创新等。对重点节能减排、高效节能环保技术和产品产业化示范、技术开发等给予财政支持；适度扩大节能环保产业政策性贷款规模。修订脱硝电价补贴政策，提高补贴比例；研究免征对建设污水处理厂和垃圾处理厂的土地税和房产税，研究减免征对污水、垃圾、污泥处置劳务和再生水的增值税；加大对再生产品生产和消费环节的税收优惠力度；根据环保项目的类型以及具体构成，加大优惠力度，增加刺激强度，调动纳税人购买使用环保设备及开展环保项目的积极性；扩大优惠环保专用设备优惠目录范围。

第三，推进节能环保服务业发展，健全服务体系。大力发展节能环保服务业，重点发展节能减排投融资、能源审计、清洁生产审核、工程咨询、节能环保产品认证、节能评估等节能环保服务。鼓励结合改善环境质量和治理污染需要，开展环保服务活动；发展系统设计、成套设备、工程施工、调试运行和维护管理等环保服务总承包。加强节能中介服务机构建设，支持节能技术服务机构创新服务模式、拓宽服务领域；各行业协会要协助政府做好行业节能管理、技术推广、宣传培训、信息咨询。

第四，强化产业技术支撑，完善环境技术转化政策。鼓励企业与相关管理部门、科研单位和高校等机构合作，建立产业联盟以及政产学研联盟，实现产学研一体化。设立节能环保国家工程研究中心和重点实验室，充分发挥国家专项资金的作用，增加科研经费，增大对关键技术、成套装备攻关力度。开展节能环保技术评价—筛选—验证制度，建立环境新技术、新产品示范转化推广应用机制，加快环保技术产业化进程。加强技术国际合作，培养科技创新、工程技术高端人才。

第五，注重节能与环保协同效应，推动与信息产业融合。注重节能与环保协同效应。配合《大气污染防治行动计划》开展雾霾综合治理，实施切实可行的节能措施；结合污染物总量控制目标相关政策，出台区域煤炭消费总量控制方案；重视降低污水处理和烟气治理等污染防治设施运行能耗，发挥节能减排综合效应。注重节能环保与信息产业融合。充分利用无线通信技术、物联网、大数据、云计算等技术，构建数字环保平台、在线监测监控网络等，全方位、全覆盖实时采集、监控数据和准确传递与分析数据，对环境状况进行科学合理评估，形成综合解决方案，因地制宜地解决环境问题与遥感、地理信息、卫星定位系统融合，突破节能环保管理实践和地域限制；利用无线通信技术等建立环境监控信息系统，实时收集准确监控数据；建设专业信息平台，完善信息采集、反馈、发布系统，及时更新节能环保产业相关信息。①

第六，落实顶层设计，完善产业政策。由于节能环保产业的特殊性和西藏地区的特殊性。根据新环保法、生态文明建设方案和国民经济"十三五"规划的总体部署应尽快出台相关配套措施，严格落实，加强考核，依法追究违法行为，加大问责刑事、行政责任。加快土壤环境保护及其相关产业立法；修改和完善《循环经济促进法》，全面落实生产者责任延伸制，扩大再生产品的政府采购范围；尽快出台机动车污染 防治条例等法规。修订重点用能单位节能管理办法、能源效率标识管理办法、节能产品认证管理办法等部门规章。建立和完善产业标准体系，包括构建节能环保产品质量

---

① 裴莹莹，杨占红，罗宏，薛婕，冯慧娟.我国发展节能环保产业的战略思考[J].中国环保产业，2016—01—20.

标准体系，建立节能环保产业统计核算体系，逐步提高重点用能产品能效标准、重点 行业能耗限额标准和污染物排放标准等。①

第七，加强技术创新驱动，完善环境技术评估和转化政策。鼓励和推动节能环保产业的技术自主研发和创新，加强技术驱动。加大对节能环保企业开展技术研发的资金支持，完善科技创新和成果转化的激励政策。搭建节能环保产业技术创新平台，支持节能环保产业共性和关键性技术的研发。提高技术成果转化率，推动以企业为主体、产学研相结合的技术创新体系，从而为技术研发和成果转化建立快车道，加速成果的转化和应用。完善技术服务推广的市场机制，社会化的技术成果转移机制。建立和完善环境技术评价制度，健全环境技术评价体系，加快推进我国更多行业的污染防治最佳可行技术的编制。鼓励产业联盟的建立，支持产业链纵向企业联合提供满足节能环保需求的整体解决方案。

第八，做大做强企业和产业集聚区，促进产业集约化，集群化发展。鼓励和扶持中小企业发展，积极引导中小型节能环保企业找准产业链定位，走向专业化、精细化。实施龙头企业带动战略，培育一批产业特色突出，具备技术、资本、运营经验的大环保集团，以及具有强大的资金实力和投融资能力，能够整合产业链、提供整体解决方案的综合环境服务企业。引导节能环保产业集群规范化、集约化发展，发挥聚集带动作用。对于已经形成的重点产业集群，如拉萨市发展环保产业不仅要扩张规模，更要保证产业质量，提高经济效益，提升技术水平和优化产业结构，产业方向逐渐向高端化发展未来应保持发展优势。②

---

① 孟伟，冯慧娟，罗宏，裴莹莹，薛婕，杨占红，吕连宏.我国节能环保产业发展战略研究[J].中国工程科学，2016—08—15.
② 孟伟，冯慧娟，罗宏，裴莹莹，薛婕，杨占红，吕连宏.我国节能环保产业发展战略研究[J].中国工程科学，2016—08—15.

第九章　西藏绿色工业发展展望

一、西藏绿色工业发展的指导思想与基本原则

（一）西藏绿色工业发展的指导思想

"十四五"期间及未来一段时期，"我国发展仍然处于重要战略机遇期，但机遇和挑战都有新的发展变化。当今世界正经历百年未有之大变局，新一轮科技革命和产业变革深入发展，国际力量对比深刻调整，和平与发展仍然是时代主题，人类命运共同体理念深入人心，同时国际环境日趋复杂，不稳定性不确定性明显增加"[①]的深刻背景。西藏仍然处在"美西方反华势力从未停止利用所谓'西藏问题'扰乱遏制我国，达赖集团从未放弃分裂祖国的图谋，危害我安定团结的大好局面；发展不平衡不充分问题仍然较为突出，巩固拓展脱贫成果、全面推进乡村振兴任务艰巨繁重；自然生态系统自我维持和恢复能力差，生态文明建设面临诸多挑战；稳边固边兴边存在薄弱环节；少数党员干部能力素质还不适应经济社会发展需要，不敢为、不想为、不会为的现象不同程度存在；从严管党治党责任需进一步强化，反腐败斗争形势依然严峻复杂"的发展重要历史节点上。

这决定未来西藏绿色工业发展必须：高举中国特色社会主义伟大旗帜，深入贯彻党的十九大和十九届二中、三中、四中、五中、六中全会精神，坚持以马克思列宁主义、毛泽东思想、邓小平理论、"三个代表"重要思想、科学发展观、习近平新时代中国特色社会主义思想为指导。全面贯彻习近

---

① 十九届五中全会公报。

平生态文明思想。全面贯彻习近平总书记关于西藏工作的重要论述和新时代党的治藏方略。全面贯彻党的基本理论、基本路线、基本方略，全面贯彻党中央国务院关于供给侧结构性改革和绿色工业发展的一系列精神。全面贯彻中央第七次西藏工作座谈会精神。全面落实西藏自治区十次党代会确定的西藏未来发展思路精神，立足西藏新发展阶段，完整准确全面贯彻新发展理念，服务融入新发展格局。锚定"四件大事"，着力推进"四个创建"、努力做到"四个走在前列"，全面贯彻自治区党委政府加快绿色工业发展相关精神。坚持生态保护第一、坚持系统观念，坚持问题导向、权责明晰、突出重点、放管结合、稳妥有序的基本原则。立足一带一路、两屏四地特殊区情。在确保"大力推动高原生物产业快速发展、特色旅游文化产业全域发展、绿色工业规模发展、清洁能源产业壮大发展、现代服务业整体发展、高新数字产业创新发展、边贸物流产业跨越发展"目标实现基础上，将西藏加快绿色工业发展嵌套于"十四五"经济高质量发展大局中，着力优化空间布局，形成以各类开发区、产业园区和沿江、沿河、沿路、沿城产业带相结合的绿色工业发展格局，围绕拉萨国家级经济技术开发区、藏青工业园区、昌都经开区形成新绿色工业高质量增长极；着力补齐绿色工业高质量发展短板，积极推进产业富民工程，形成长效机制，提供一批稳定就业工作岗位，培育一支高素质产业人才队伍，为全面建成小康社会提供坚实支撑。围绕构建将西藏绿色工业高质量培育成为经济高质量发展动力源泉、西部举足轻重、全国较大影响、加快走向全国的西藏一流特色优势产业高质量发展目标。充分挖掘西藏绿色工业发展的特色资源和特殊政策优势，做强做优做精做大西藏绿色工业，实现绿色工业发展。践行西藏为国家实现"双碳"目标发挥独特作用、贡献重要力量这一定位，坚持"三高"企业和项目零审批、零引进，深入实施绿色制造，加快产业结构优化升级，大力推进工业节能降碳，全面提高资源利用效率，积极推行清洁生产改造，提升绿色低碳技术、绿色产品、服务供给能力，构建工业绿色低碳转型与工业赋能绿色发展相互促进、深度融合的现代化产业格局，推动绿色低碳发展。把绿色加工业建起来，支撑碳达峰碳中和目标任务如期实现。

（二）西藏绿色工业发展的基本原则

第一，坚持党的全面领导。坚持完善党领导西藏绿色工业发展体制机制，不断提高贯彻绿色工业发展的新发展理念、构建绿色工业发展新格局能力和水平，为实现西藏绿色工业发展提供根本保证。中国共产党领导是中国特色社会主义最本质特征，是中国特色社会主义制度的最大优势，是推进西藏绿色工业发展不能脱离的根本。"十四五"乃至更长时期，西藏绿色工业发展要破解许多难题，将会面临一系列风险挑战。越是这样，就越离不开中国共产党这个指引方向的指南针、凝心聚力的主心骨、社会稳定的压舱石，就越要坚持和加强党的全面领导。党的十九届五中全会《建议》把坚持党的全面领导作为"十四五"期间经济社会发展必须遵循的首要原则。坚持党的全面领导，最高原则是坚持党中央集中统一领导。只有加强党中央集中统一领导，党才能有效总揽全局、协调各方，形成推动经济社会发展强大合力。具体到西藏绿色工业发展领域，就是要坚持用习近平新时代中国特色社会主义思想武装头脑、指导实践、推动西藏绿色工业发展，不断完善上下贯通、执行有力的组织体系，通过发挥党的强大政治优势、思想优势、组织优势，把党中央关于绿色工业发展的决策部署全面落到实处。

第二，坚持以人民为中心。西藏绿色工业发展必须始终坚持人民主体地位原则，坚持共同富裕方向，始终做到西藏绿色工业发展为人民服务、绿色工业发展依靠人民、绿色工业发展发展成果由人民共享，维护人民根本利益，激发全体人民积极性、主动性、创造性，促进社会公平，增进民生福祉，不断实现人民对美好生活向往。

第三，坚持新发展理念。把新发展理念贯穿到西藏绿色工业发展全过程各领域，构建绿色工业发展新格局，切实转变发展方式，推动质量变革、效率变革、动力变革，实现更高质量、更有效率、更加公平、更可持续、更为安全发展。

第四，坚持深化改革开放原则。坚定不移推进改革，坚定不移扩大开放，加强国家治理体系和治理能力现代化建设，破除制约西藏绿色工业发展体制机制障碍，强化有利于提高西藏优势资源配置效率、有利于调动全社会积极性的重大改革开放举措，持续增强西藏绿色工业发展的动力和活力。

第五，坚持系统观念。加强西藏绿色工业发展前瞻性思考、全局性谋划、战略性布局、整体性推进，①更好地调动各方积极性，着力固西藏绿色工业发展根基、扬西藏绿色工业发展优势、补西藏绿色工业发展短板、强西藏绿色工业发展弱项，实现西藏绿色工业发展质量、结构、规模、速度、效益、安全相统一。

上述原则在具体工作中集中表现为切实处理好创新、协调、绿色、开放与共享的辩证关系，实现创新、协调、绿色、开放和共享的五统一。其中，创新是绿色工业发展第一动力，协调是绿色工业发展内生特点，绿色是绿色工业发展的普遍形态，开放是绿色工业发展的必由之路，共享是绿色工业发展的根本目的。其中，创新是绿色工业发展的第一动力，主要是指工业经济必须保持高昂创新热情，开展持久性创新活动、投入大量资金推动创新，进而使创新成为绿色工业发展第一推动力；协调是西藏绿色工业发展的内生特点，主要是指西藏绿色工业发展必须依托沟通顺畅协调平台，使传统工业企业文化成果成为西藏众多工业企业发展的共同财富基础和创新源泉；绿色是绿色工业发展的普遍形态，主要是指绿色工业发展必须以优质资源为基础，以绿色无污染、集传统工艺和现代科技于一体的、优质

---

① 中共中央关于制定国民经济和社会发展第十四个五年规划和二〇三五年远景目标的建议，共产党员（河北），2020—11—01.

产品与经济高效相统一的现代化绿色工业发展工艺;开放是绿色工业发展的必由之路,主要是指绿色工业产品市场营销必须以全面占据区内市场为基础和前提,通过有序拓展西藏绿色工业发展的国内市场和国际市场基础,使绿色工业产品能在尽可能大的地域范围内造福人类,营造绿色工业发展营销区域的广辐射格局;共享是绿色工业发展的根本目的,主要是指绿色工业发展必须在统筹兼顾西藏绿色工业发展的经济效益、社会效益、民生效益、生态效益、国家战略基础之上,通过创新发展、协调发展、绿色发展和开放发展,实现国家获得西藏绿色工业发展的生态效益和国家战略,社会公众获得西藏绿色工业发展的社会效益,广大原料产区和种植区农牧民获得西藏绿色工业发展的民生效益,广大经济组织获得西藏绿色工业发展的经济效益。

二、西藏绿色工业发展的目标与定位

(一)西藏绿色工业发展的目标

第一,西藏绿色工业发展的总体目标是:显著提升绿色工业规模、显著增强绿色工业实力、显著提高绿色工业经济贡献。第二,西藏绿色工业发展的具体目标是:第一,在严格保护生态环境的前提下,按照建设国家重要战略资源储备基地要求,开展战略性矿产资源和羌塘油气资源地质调查、资源勘查,摸清底数,重点加快发展绿色矿业,推进扎布耶现代盐湖等矿业开发。第二,壮大发展天然饮用水产业,实现天然饮用水做大做强。打造"地球第三极·西藏好水"的区域公共品牌,强化以销定产,确保产销年均增长20%以上。天然饮用水年产销120万吨以上,规模以上工业企业产值年均增长10%以上。三是,推动绿色建筑建材业转型发展,绿色建材产品区内市场占有率达到70%以上,建成绿色建筑建材业工厂5家以上。四是,壮大民族手工业,扶持民族特需商品定点生产企业发展,实施"民贸民品强企"工程，开展西藏民族手工业资源普查。

（二）西藏绿色工业发展的定位

西藏绿色工业发展既是全国绿色工业高质量发展的重要组成部分，更是西藏绿色工业高质量发展重要组成部分。西藏绿色工业发展既具有全国绿色工业高质量发展的一般性和共性规律，更具有符合"中国特色、西藏特点"要求的西藏绿色工业高质量发展的个性化和特殊性规律。为此在西藏绿色工业发展的战略定位上，既要能体现出共性与个性的统一，更要能体现出特殊性与一般性的协调。为此对于西藏绿色工业发展的基本定位必须立足特殊区情，那么什么是西藏的特殊区情呢？毋庸置疑，西藏特殊区情固然体现在西藏具有特殊的自然条件、特殊的历史文化和特殊的社会经济发展程度，更体现在 2019 年 6 月 14 日习近平总书记致"2019·中国西藏发展论坛"贺信中指出的"西藏地处青藏高原腹地，是我国一个重要边疆民族地区，是重要的生态安全屏障、重要的中华民族特色文化保护地、重要的世界旅游目的地"重要论述上来，体现在中央第五次西藏工作会议上为西藏确定的"两屏四地"战略定位上来，体现在中央第六次西藏工作会议上为西藏确定的"两屏两区五地一通道"的战略定位上来，体现在中央第七次西藏工作座谈会上为西藏确定的"坚持生态保护第一"的战略定位上来。

上述论述意味着：凡是事关西藏边疆建设、事关生态安全屏障建设、事关中华民族特色文化保护、事关重要世界旅游目的地建设、事关绿色工业高质量发展的都要大力支持并重点扶持；凡是有悖于西藏边疆建设，凡是有悖于生态安全屏障建设，凡是有悖于中华民族特色文化保护，凡是有悖于重要世界旅游目的地建设，凡是有悖于绿色工业和高质量发展的都要反对并坚决取缔。这一特殊定位落实到西藏绿色工业发展上，就是对于西藏绿色工业发展的考察不能单纯停留在经济效益上，还要从生态效益、安全效益、社会效益、民生效益等多方面、多角度综合考察，既要考察西藏绿色工业发展的经济效益,又要考察西藏绿色工业发展的生态效益、安全效益、社会效益和民生效益。近期落实上述基本定位的要求是:按照党中央的统一决策部署,全面贯彻落实党的十九届五中全会精神,全面贯彻落实中央第七次西藏工作座谈会精神,从党的治藏方略的"十个必须"①战略高度认识西藏绿色工业发展的重要性和必要性。

毫无疑问,"一带一路"是党中央提出的全球化共享式改革开放愿景,"两屏四地"、"两屏两区五地一通道"和"坚持生态保护第一"是党中央对西藏发展的基本战略定位,是特殊区情具体体现,是西藏绿色工业发展的准绳和底线。对于西藏绿色工业发展而言包涵以下含义:一是特殊区情决定西藏绿色工业发展一定要按照党中央、国务院、自治区党委区政府统一部署,顺势而为,探索西藏绿色工业发展特殊性。二是西藏绿色工业发展是一个复杂系统工程,需要各级各界积极投入、全力推进,同时确定西藏绿色工业发展无局外人、无局外事的观念。党中央提出高质量发展是一个总方针、总基调,这一总方针、总基调不是一成不变的、也不能搞一刀切,需要各级党委政府及职能部门结合本地、本部门实际,提出符合本地区、本部门特殊实际的工作重点。西藏雄踞祖国西南边陲,特殊区情决定西藏绿色工业发展重点是因势利导、因地制宜、因时制宜、锐意创新和

---

① 必须坚持中国共产党领导,坚持中国特色社会主义制度,坚持民族区域自治制度,为西藏长治久安和繁荣发展提供根本保证;必须坚持治国必治边、治边先稳藏的战略思想,深刻认识做好西藏工作的极端重要性;必须把维护祖国统一、加强民族团结作为西藏工作的着眼点和着力点,关键是做好反分裂工作、维护国家安全,确保边疆巩固和边境安全;必须坚持依法治藏、富民兴藏、长期建藏、凝聚人心、夯实基础的重要原则,全面把握西藏工作规律和方法;必须统筹国内国际两个大局,坚持对达赖集团斗争的方针不动摇,坚决同美国等西方国家利用所谓"西藏问题"干涉我国内政进行斗争;必须把改善民生、凝聚人心作为经济社会发展的出发点和落脚点,把党中央关心、全国支援同西藏各族干部群众艰苦奋斗紧密结合起来,共同团结奋斗,共同繁荣发展,让各族群众过上更加幸福美好的生活;必须促进各民族交往交流交融,铸牢中华民族共同体意识,不断增进对伟大祖国、中华民族、中华文化、中国共产党、中国特色社会主义的认同;必须坚持我国宗教中国化方向,依法管理宗教事务,积极引导藏传佛教与社会主义社会相适应;必须坚持生态保护第一,站在保障中华民族生存和发展的历史高度,做好保护青藏高原生态各项工作;必须加强党的建设特别是政治建设,巩固党在西藏的执政基础。

全面推进补短板。

基于以上研判：西藏绿色工业发展必须全面体现国家战略定位要求，必须全面赋予民族团结进步意义，必须全面赋予维护统一、反对分裂意义，必须全面赋予改善民生、凝聚人心意义，必须全面体现提升各族群众获得感、幸福感、安全感要求。必须全面贯彻新发展理念，立足维护祖国统一、加强民族团结这个着眼点和着力点，必须全面把握好改善民生、凝聚人心这个出发点和落脚点，必须聚焦发展不平衡不充分问题，必须以优化发展格局为切入点，必须全面以要素和基础设施建设为支撑，必须全面以制度机制为保障，必须全面统筹谋划、分类施策、精准发力，加快推进和发展。其中最核心的是西藏绿色工业发展的战略定位必须体现国家对西藏的战略定位和要求。

第一，第五次西藏工作座谈会上中央将西藏定位为"两屏四地"，也称为"两个屏障""两个基地""两个目标"六项战略定位，即使西藏成为重要的国家安全屏障、重要的生态安全屏障、重要的战略资源储备基地、重要的高原特色农产品基地、重要的中华民族特色文化保护地、重要的世界旅游目的地。其中："两个重要屏障"是由西藏特殊的地理位置、生态环境和反分裂斗争的客观现实决定的，这也说明西藏在整个国家发展战略中居于重要地位；"两个重要基地"是由西藏丰富的自然资源和高原特色农产品资源决定的，也是西藏实现跨越式发展的重要依托；使西藏成为重要的中华民族特色文化保护地，体现国家对保护西藏特色文化的高度重视，也为发展文化产业提供丰富资源；使西藏成为重要的世界旅游目的地，是由西藏独特自然景观人文景观资源决定的，具有世界眼光，旅游业必将成为西藏重要的支柱产业。

第二，第六次西藏工作座谈会上中央将西藏定位为"两屏五地一通道"——重要的国家安全屏障、重要的生态安全屏障、重要的战略资源储备基地、重要的高原特色农产品基地、重要的中华民族特色文化保护地、重要的世界旅游目的地、重要的"西电东送"接续基地、面向南亚开放的重要通道。西藏发展的战略定位表明："两个重要屏障"是由西藏特殊的地理位置、生态环境和反分裂斗争的客观现实决定的，这也说明西藏在整个国家发展战略中居于重要地位；"重要的战略资源储备基地、重要的高原特色农产品基地、重要的中华民族特色文化保护地、重要的世界旅游目的地、重要的'西电东送'接续基地"是由西藏丰富的特殊的资源优势决定的。"面向南亚开放的重要通道"是由于西藏的区位特殊性决定的。

第三，第七次西藏工作座谈会上，习近平总书记强调，当今世界正经历百年未有之大变局，当今中国正处在中华民族伟大复兴的关键时期。西藏工作呈现出新的阶段性特征，反分裂斗争进入关键期，社会大局进入实现长治久安的推进期，经济社会进入高质量发展的转型期，生态保护进入生态文明建设的深化期，边境建设进入富民强边的攻坚期。西藏是重要的国家安全屏障和生态安全屏障，是抵御美国等西方反华势力遏制分化中国图谋的前沿阵地，是维护祖国统一、反对民族分裂的重点地区。显然除重要国家安全屏障、重要生态安全屏障的表述没有发生变化外，其他都发生着变化。一方面说明"重要的国家安全屏障、重要的生态安全屏障"在西藏的重要性，另一方面也说明国家对西藏经济定位不断强化的同时，对西藏国家安全战略定位更趋强化。

三、西藏绿色工业发展的路径与遵循

（一）西藏绿色工业发展的路径

西藏绿色工业发展必须走一条特色优势资源+特殊优惠政策推动型的、外生与内生相结合的特色发展之路。特色优势资源，主要指上文提及的各类优势特色资源，特殊优惠政策主要是指以中央通过西藏工作座谈会赋予西藏的各种特殊优惠政策为主的各类优惠政策。

（二）西藏绿色工业发展的遵循

2021年10月12日，在《生物多样性公约》第十五次缔约方大会领导人峰会上习近平总书记强调指出，中国将陆续发布重点领域和行业碳达峰实施方案和一系列支撑保障措施，构建起碳达峰、碳中和"1+N"政策体系。10月24日，《中共中央国务院关于完整准确全面贯彻新发展理念做好碳达峰碳中和工作的意见》发布，这意味着我国双碳"1+N"政策体系中的"1"正式出台。它主要在政策体系中发挥统领作用。而"1+N"政策体系中的"N"主要有两部分构成：一是重点领域和行业实施方案。《中共中央国务院关于完整准确全面贯彻新发展理念做好碳达峰碳中和工作的意见》提出，要制定能源、钢铁、有色金属、石化化工、建材、交通、建筑等行业和领域碳达峰实施方案。接下来围绕这些碳排放较高行业减碳方案会陆续推出。二是双碳保障方案。这主要包括科技支撑、能源保障、财政金融价格政策等。《中共中央国务院关于完整准确全面贯彻新发展理念做好碳达峰碳中和工作的意见》提出我国双碳工作的三个目标：首先，2025年为实现碳达峰、碳中和奠定坚实基础。随后，2030年碳排放达峰后稳中有降。最后，2060年碳中和目标顺利实现。《中共中央国务院关于完整准确全面贯彻新发展理念做好碳达峰碳中和工作的意见》提出具体阶段性目标。一方面，为新型能源利用做加法。比如，在非化石能源消费比重方面，从2025年的20%提升至2030年的25%，并最终在2060年大幅提高到80%以上。在能源利用效率方面，2025年重点行业大幅提升，随后2030年重点耗能行业达到国际先进水平，并在2060年使全体行业实现这一标准。另一方面，为传统能源消耗做减法。比如，相比2020年，单位GDP能耗和单位GDP二氧化碳排放到2025年要分别下降13.5%、18%。尤其是到2030年，后者要相比2005年下降65%以上。围绕上述目标，《中共中央国务院关于完整准确全面贯彻新发展理念做好碳达峰碳中和工作的意见》明确提出五项工作原则：第一，全国统筹。在全国一盘棋基础上，根据各地实际分类施策，鼓励主动作为、率先达峰。第二，节约优先。把节约能源资源放在首位，从源头和入口形成有效碳排放控制阀门。第三，双轮驱动。这主要强调政府和市场两手发力。第四，内外畅通。立足国情实际，统筹国内国际能源资源。第五，防范风险。处理好减污降碳和能源安全、产业链供应链安全，防止过度反应，确保安全降碳。《中共中央国务院关于完整准确全面贯彻新发展理念做好碳达峰碳中和工作的意见》和《2030年前碳达峰行动方案》共同构成我国碳达峰和碳中和的顶层设计。

《2030年前碳达峰行动方案》聚焦2030年前我国碳达峰目标，对推进碳达峰工作进行总体部署。值得关注的是方案针对不同领域提出碳达峰十大行动，使我国碳达峰路线图更加清晰。总体而言碳达峰十大行动分两部分：第一部分，是针对重点领域和行业的碳达峰实施方案。第二部分，是碳达峰保障体系。其中，前者针对我国能源、工业、交通运输、城乡建设等领域做出部署。具体到十个领域主要采取加速转型和创新政策措施。第一，优化能源结构，控制和减少煤炭等化石能源。"十四五"时期，严控煤炭消费增长，"十五五"时期逐步减少，安全高效发展核电，因地制宜发展水电，大力发展风电、太阳能、生物质能、海洋能、地热能，发展绿色氢能。已经公布2030年要建成风电和太阳能光伏发电装机达到12亿千瓦，我国火力发电没有到这个水平，美国总体容量11亿千瓦，构建以新能源为主体新型电力系统，推进工业电动交通和提高能源利用效率。第二，推动产业和工业优化升级。遏制高能耗、高排放行业盲目发展，推动传统产业优化升级，发展新一代信息技术、高端装备、新材料、生物、新能源、节能环保等战略性新兴产业，努力构建高效、清洁、低碳、循环绿色制造体系。第三，推进节能低碳建筑和低碳设施。加快发展超低能耗、净零能耗、低碳建筑，鼓励发展装配式建筑和绿色建材，在基础设施建设运行管理的各个环节，落实绿色低碳理念，建设低碳智慧型城市和绿色乡村。第四，构建绿色低碳交通运输体系。优化运输结构，推动公共交通优先发展，发展电动氢燃料电池等清洁零排放汽车。要建设加氢站、换电站、充电站，中石化已经宣布要逐步增加加气站、换电站、充电站，美国基建计划准备新建50万充电桩，我国已建162万个充电桩。第五，发展循环经济，提高资源利用效率。循环经济是经济社会发展与污染排放脱钩，减缓气候变化的治本政策，加强相关领域的立法，坚持生产责任延伸制度，推动静脉产业、动脉产业的发展，鼓励推广再制造，建立完善让所有参与方都能够受益方式，搞循环经济一个是技术，一个是好的商业模式。第六，推动绿色低碳技术创新。研究发展可再生能源，智能电网、储能、绿色氢能、电动和氢燃料汽车，碳捕集利用和封存，资源循环利用链接技术等成本低、效益高、减排效果明显、安全可靠，具有推广前景的低碳、零碳和负碳技术。第七，发展绿色金融。扩大资金支持和投资，建立完善绿色金融体系，支持金融机构发行绿色债券、创新绿色金融产品和服务，积极推进绿色"一带一路"建设。第八，出台配套政策和改革措施。完善财政、税收、价格等鼓励性政策，明确鼓励什么、限制什么，引导资金、技术流向绿色、低碳领域。第九，建立完善碳市场和碳定价机制。碳市场和碳定价机制以尽可能低的成本实现全社会减排目标，在已有基础上，在电力行业启动全国碳市场上线交易，建立全球碳市场在碳定价机制。逐步扩大市场覆盖范围，丰富交易品种和交易方式。第十，实施基于自然的解决方案。基于自然解决方案既有助于增加碳汇控制温室气体排放，也有助于提高适应气候变化的能力，保护生物多样性。

《国家"十四五"工业绿色发展规划》强调指出，围绕2025年工业产业结构、生产方式绿色低碳转型取得显著成效，绿色低碳技术装备广泛应用，能源资源利用效率大幅提高，绿色制造水平全面提升，为2030年工业领域碳达峰奠定坚实基础。第一，碳排放强度持续下降。单位工业增加值二氧化碳排放降低18%，钢铁、有色金属、建材等重点行业碳排放总量控制取得阶段性成果。污染物排放强度显著下降。第二，有害物质源头管控能力持续加强，清洁生产水平显著提高，重点行业主要污染物排放强度降低10%；第三，能源效率稳步提升。规模以上工业单位增加值能耗降低13.5%，粗钢、水泥、乙烯等重点工业产品单耗达到世界先进水平。第四，资源利用水平明显提高。重点行业资源产出率持续提升，大宗工业固废综合利用率达到57%，主要再生资源回收利用量达到4.8亿吨。单位工业增加值用水量降低16%。第五，绿色制造体系日趋完善。重点行业和重点区域绿色制造体系基本建成，完善工业绿色低碳标准体系，推广万种绿色产品，绿色环保产业产值达11万亿元。布局建设一批标准、技术公共服务平台。

《西藏自治区国民经济与社会发展第十四个五年规划与2035年远景目标》强调指出，第一，推动绿色工业规模发展，在严格保护生态环境前提下，按照建设国家重要战略资源储备基地要求，开展战略性矿产地质调查、资源勘查，摸清底数，加快发展绿色矿业。第二，打造"地球第三极·西藏好水"区域公共品牌，做大做强天然饮用水产业，强化以销定产，产销年均增长20%以上。第三，推动绿色建筑建材业发展，壮大民族手工业，扶持民族特需商品定点生产企业发展，实施"民贸民品强企"工程。

《全面贯彻新时代党的治藏方略，为建设团结富裕文明和谐美丽的社会主义现代化新西藏而努力奋斗》的讲话中提出，西藏生态环境质量保持全国领先水平，重要的国家生态安全屏障日益巩固，所有市县达到国家生态文明建设示范市县标准，美丽西藏全面建成，成为全国乃至国际生态文明高地，率先实现碳达峰和碳中和。建设绿色发展试验地，贯彻绿色发展、高质量发展理念，走生态优先、绿色发展道路，将资源环境作为硬约束。坚持调结构、优布局、强产业、全链条，突出特色资源、创新驱动发展，以建设高原特色农产品基地、清洁能源接续基地、世界旅游目的地为重点，推进绿色低碳循环发展的经济体系建设。加快推动绿色低碳发展，促进经济社会发展全面绿色转型。

四、西藏绿色工业发展的重点任务与对策建议

（一）西藏绿色工业发展的重点任务

围绕壮大绿色建筑建材业、天然饮用水产业，发展壮大民族手工业的西藏绿色工业发展目标要求，应该加速推进的重点任务包括：

1.实施碳达峰行动。加强碳达峰顶层设计，提出整体和重点行业碳达峰路线图、时间表，明确实施路径，推进落实碳达峰目标任务、实行梯次达峰。开展重大降碳示范工程。发挥行业内大型企业集团示范引领作用，加快可再生能源应用、新型储能、碳捕集利用与封存，实施一批降碳效果突出、带动性强的重大工程。推动低碳工艺革新，实施降碳升级改造，支持取得突破的低碳零碳负碳关键技术开展产业化示范应用，形成可复制、可推广可行性技术经验。有序开展对非碳温室气体排放管控。加强生产线改造、替代技术研究和替代路线选择。

2.促进资源利用循环化转型。坚持总量控制、科学配置、全面节约、循环利用原则，强化资源在生产过程的高效利用，削减工业固废、废水产生量，加强工业资源综合利用，促进生产与生活系统绿色循环链接，大幅提高资源利用效率。第一，推进原生资源高效化协同利用。统筹国际国内、区内区外资源，加强资源跨区域跨产业优化配置，加强原材料供需结构匹配，促进有效协同供给，强化企业、园区、产业集群之间的循环链接，提高资源利用水平。第二，推进再生资源高值化循环利用。培育再生资源循环利用龙头骨干企业，推动资源要素向优势企业集聚，依托优势企业技术装备，推动再生资源高值化利用。依托互联网区块链大数据等信息化技术，构建再生资源供应链。鼓励建设再生资源高值化利用产业园区，推动企业聚集化、资源循环化、产业高端化发展。统筹布局新兴固废综合利用。积极推广再制造产品，发展高端智能再制造。第三，推进工业固废规模化综合利用。推进大宗工业固废规模化综合利用。推动协同处置固废。探索建

立固废综合利用产业模式。鼓励有条件的园区和企业加强资源耦合和循环利用，创建"无废园区"和"无废企业"。实施工业固体废物资源综合利用评价，通过以评促用，推动率先实现新增工业固废能用尽用、存量工业固废有序减少。第四，推进水资源节约利用。加强耗水定额管理，开展水效对标达标。推进企业、园区用水系统集成优化，实现串联用水、分质用水、一水多用和梯级利用。鼓励重点行业加大对市政污水、再生、雨水等利用，减少新水取用量。推动企业建立完善节水管理制度，建立智慧用水管理平台，实现水资源高效利用。开展工业废水循环利用试点示范，加强工业废水处理后回用。

3.加速生产方式数字化转型。以数字化转型驱动生产方式变革，采用工业互联网、大数据、5G等新一代信息技术提升能源、资源、环境管理水平，深化生产制造过程的数字化应用，赋能绿色制造。第一，建立绿色低碳基础数据平台。加快制定涵盖能源、资源、碳排放、污染物排放等数据信息的绿色低碳基础数据标准。分行业建立产品全生命周期绿色低碳基础数据平台，统筹绿色低碳基础数据和工业大数据资源，建立数据共享机制，推动数据汇聚、共享和应用。基于平台数据，开展碳足迹、水足迹、环境影响分析评价。第二，推动数字化智能化绿色化融合发展。深化产品研发设计、生产制造、应用服役、回收利用等环节的数字化应用，加快人工智能、物联网、云计算、数字孪生、区块链信息技术在绿色制造领域的应用，提高绿色转型发展效率和效益。推动制造过程的关键工艺装备智能感知和控制系统、过程多目标优化、经营决策优化等，实现生产过程物质流、能量流等信息采集监控、智能分析和精细管理。打造面向产品全生命周期的数字系统，以数据为驱动提升行业绿色低碳技术创新、绿色制造和运维服务水平。推进绿色技术软件化封装，推动成熟绿色制造技术创新应用。第三，实施"工业互联网+绿色制造"。鼓励企业、园区开展能源资源信息化管控、污染物排放在线监测、地下管网漏水检测系统建设，实现动态监测、精准控制、优化管理。加强对再生资源全生命周期数据的智能化采集、管理应用。推动用能设备、工序等数字化改造和上云用云。支持采用物联网、大数据等信息化手段开展信息采集、数据分析、流向监测、财务管理，推广"工业互联网＋再生资源回收利用"新模式。

4. 构建绿色低碳技术体系。推动新技术快速大规模应用和迭代升级，抓紧部署前沿技术研究，完善产业技术创新体系，强化科技创新对工业绿色低碳转型的支撑作用。第一，加快关键共性技术攻关突破。集中优势资源开展减碳零碳负碳技术、碳捕集利用与封存技术、零碳工业流程再造技术、复杂难用固废无害化利用技术、新型节能及新能源材料技术、高效储能材料技术等关键核心技术攻关，形成一批原创性科技成果。第二，加强产业基础研究和前沿技术布局。加强基础理论、基础方法、前沿颠覆性技术布局，推进碳中和、二氧化碳移除与低成本利用等前沿绿色低碳技术研究。开展新型污染物治理技术装备基础研究，稳步推进技术集成创新。第三，加大先进适用技术推广应用。定期编制发布低碳、节能、节水、清洁生产和资源综合利用等绿色技术、装备、产品目录，鼓励各行业探索绿色低碳技术推广新机制。

5. 完善绿色制造支撑体系。健全绿色低碳标准体系，完善绿色评价和公共服务体系，强化绿色服务保障，构建完整贯通的绿色供应链，全面提升绿色发展基础能力。第一，健全绿色低碳标准体系。立足产业结构调整、绿色低碳技术发展需求，完善绿色产品、绿色工厂、绿色工业园区和绿色供应链评价标准体系，制修订一批低碳、节能、节水、资源综合利用等重点领域标准及关键工艺技术装备标准。鼓励制定高于现行标准的西藏地方标准。强化先进适用标准落实，扩大标准有效供给。推动建立绿色低碳标准采信机制，推进重点标准技术水平评价和实施效果评估，畅通迭代优化渠道。推进绿色设计、产品碳足迹、绿色制造等重点领域标准工作。第二，打造绿色公共服务平台。优化自我评价、社会评价与政府引导相结合的绿色制造评价机制，强化对社会评价机构的监督管理。培育一批绿色制造服务供应商，提供产品绿色设计与制造一体化、工厂数字化绿色提升、服务其他产业绿色化等系统解决方案。完善绿色制造公共服务平台，创新服务模式，面向重点领域提供咨询、检测、评估、认定、审计、培训等一揽子服务。第三，强化绿色制造标杆引领。围绕重点行业，持续推进绿色产品、绿色工厂、绿色工业园区和绿色供应链管理企业建设，遴选发布绿色制造名单。鼓励绿色制造标杆企业名单。实施对绿色制造名单动态管理，探索开展绿色认证和星级评价，强化效果评估，建立有进有出的动态调整机制。将环境信息强制性披露纳入绿色制造评价体系，鼓励绿色制造企业编制绿色低碳发展年度报告。第四，贯通绿色供应链管理。鼓励工业企业开展绿色制造承诺机制，倡导供应商生产绿色产品，创建绿色工厂，打造绿色制造工艺、推行绿色包装、开展绿色运输、做好废弃产品回收处理，形成绿色供应链。推动绿色产业链与绿色供应链协同发展，鼓励生产企业构建数据支撑、网络共享、智能协作的绿色供应链管理体系，提升资源利用效率及供应链绿色化水平。第五，打造绿色低碳人才队伍。强化专业型和跨领域复合型人才培养。充分发挥企业、科研机构、高校、行业协会、培训机构等各方作用，建立完善多层次人才合作培养模式。依托各类引知引智计划，构筑集聚国内外科技领军人才和创新团队的绿色低碳科研创新高地。建立多元化人才评价和激励机制。推动国家人才发展重大项目对绿色低碳人才队伍建设支持。第六，完善绿色政策和市场机制。建立与绿色低碳发展相适应的投融资政策，严格控制"两高"项目投资，加大对节能环保、新能源、碳捕集利用与封存等的投融资支持力度。发挥产融合作平台作用，建设工业绿色发展项目库，推动绿色金融产品服务创新。推动运用定向降准、专项再贷款、抵押补充贷款等政策工具，引导金融机构扩大绿色信贷投放。健全政府绿色采购政策，加大绿色低碳产品采购力度。完善惩罚性电价、差别电价、差别水价政策。

（二）西藏绿色工业发展的对策建议

围绕壮大天然饮用水产业、绿色建筑建材业，发展壮大民族手工业的西藏绿色工业发展工作重点，采取对策包括行业对策建议、保障性对策和近期重点工作。

1.行业性对策建议。第一，壮大天然饮用水产业的重点是深入推进天然饮用水产业补短板、挖特色，活优势，抓机遇，创品牌，拓营销。一是，补短板。战略重点是强化西藏好水推广营销，搭建体系化、多主体参与、广泛覆盖、形式多样营销网络平台，扩宽西藏好水品销售渠道。工作重点是充分利用援藏平台、挖掘消费援藏潜能，把更多西藏好水销售到其它省市；二是，挖特色。主要是指立足西藏特殊的区域文化，深挖西藏好水内在品质，讲好好水的文化故事，做好好水天然文章，树好好水纯净形象，讲好好水人文故事；三是，活优势。主要是发挥好援藏政策优势，让更多援藏干部帮助西藏企业推销西藏好水，让更多其它省市城乡居民熟悉优质西藏好水、喝上用上货真价实的西藏好水；四是，抓机遇。是指西藏天然饮用水企业要抓好全面建成小康社会历史机遇，抓好国内经济转型时代机遇，抢先占领市场；五是，创品牌。是指西藏天然饮用水企业要以现有成熟品牌为基础，依托政府扶持，不断培育开发新品种；六是，壮产业，是指西藏天然饮用水企业要应一丝不苟坚持走中高端天然饮用水产业的特色发展之路，分阶段、分步骤采取适宜举措，实现适度做大、全面做优、最终做强发展目标。近期重点是依托特殊优惠扶持政策，构建以援藏为主的创新型产业营销平台。

第二，壮大绿色建筑建材业。围绕西藏大规模基础设施建设、城镇化发展和农牧区易地搬迁建设的巨大的对绿色建材的需要，合理布局绿色建材业新增产能，有效解决西藏建材市场现实矛盾，推动建材业绿色规范发展。近期重点发展新型墙体材料及轻质、高性能、低能耗新型建材产品；着力对石材加工、装饰功能建筑砌块制品等进行技术突破；对已规划的水泥建设项目，督促项目落地，淘汰落后工艺，在拉萨、山南、昌都、日喀则适度发展新型水泥，保障市场供给；积极引入实力较强的新型建材生产企业；格执行国家和地区环保标准；加大科研投入力度，提高水泥品牌知名度和区域竞争力。加大企业更新改造力度，组建水泥研发、生产、营销一体化集团。

第三，发展壮大手工业。发挥西藏民族手工业是地道的特色优势产业、民生产业、富民产业的突出特点，发挥好民族手工艺品地域特色突出，文化内涵丰富，是西藏三大传统劳动密集型产业，满足广大农牧民生产生活需求，拓宽就业渠道，保护、弘扬和繁荣区域文化，推动旅游业发展，维护社会稳定，促进西藏经济社会发展方面发挥着重要作用，对实现富民兴藏和长治久安具有重要意义。近期主要开展：一是，大力提高民族手工业生产工艺和产品的绿色设计水平，不断挖掘民族手工艺品的文化内涵，打造民族特色品牌。鼓励发展手工业地理标志产品。完善传统工艺、技艺认定保护制度。二是，积极推广定制化生产模式，采取电子商务营销模式，拓宽市场营销渠道，促进与旅游、文化产业相融合，突出民族特色与地域特色。三是，充分发挥民族手工业行业协会作用，加强对特色手工艺和传承艺人保护。提高手工艺传承艺人奖励标准。

2. 保障性对策建议。第一，加强规划组织实施。强化协同合作，建立责任明确、协调有序、监管有力的工作体系。加强沟通协调，强化跨部门、跨区域协作，制定出台配套政策，落实规划总体要求、目标任务，打好政策组合拳。开展动态监测评估，发挥行业协会、智库、第三方机构等桥梁纽带作用，助力重点行业绿色低碳发展。组织开展节能宣传、低碳活动，加强媒体、公益组织舆论引导，宣传工业绿色发展政策法规、典型案例、先进技术。

第二，健全地方政策。制定西藏节能监察、资源综合利用回收利用、绿色制造体系建设等管理办法。完善节能减排约束性指标管理。建立企业绿色信用等级评定机制，加大评定结果在财政、信贷、试点示范等方面的应用。完善信息披露制度，促进企业更好履行节能节水、减污降碳和职工责任关怀等社会责任。

第三，加大财税金融支持。鼓励财政加大对绿色低碳产业发展、技术研发等的支持力度，创新支持方式，引导更多社会资源投入工业绿色发展项目。扩大环境保护、节能节水等企业所得税优惠目录范围。开展绿色金融产品和工具创新，完善绿色金融激励机制，有序推进绿色保险。加强产融合作，出台推动工业绿色发展产融合作专项政策，推动完善支持工业绿色发展绿色金融标准体系和信息披露机制，支持绿色企业上市融资和再融资，降低融资费用，研究建立绿色科创属性判定机制。

第四，深化绿色合作。推动西藏建立绿色制造与国内伙伴关系，拓展合作机制建设，加强绿色制造合作交流。鼓励建设绿色工业园区，推动绿色技术创新成果转化。融入建设或内绿色"一带一路"，扩大绿色贸易，共建绿色工厂和绿色供应链，加快绿色产品标准、认证、标识建设。鼓励以绿色低碳技术装备为依托进行工程承包和劳务输出。

参考文献

[1] 张志恒. 新时代西藏国有企业供给侧结构性改革分析 [J]. 西藏民族大学学报（哲学社会科学版），2019 年 5 月，CSSCI（扩展版）.

[2] 毛阳海，董改改. 基于资源禀赋优势的西藏冰川矿泉水发展路径问题研究 [J]. 西藏民族大学学报（哲学社会科学版），2018 年 5 月，CSSCI（扩展版）.

[3] 张志恒. 新时代西藏国有企业供给侧结构性改革分析 [J]，西藏民族大学学报，2019 年 5 月，CSSCI（扩展版）.

[4] 杨淼. 新时代西藏天然饮用水产业高质量发展研究 [J]，西藏民族大学学报，2020 年 3 月，核心期刊（扩展版）.

[5] 李国政. 新中国成立后西藏矿业发展述论 [J]，河南理工大学学报（社会科学版），2019 年 4 月。

[6] 工信部. 《"十四五"工业绿色发展规划》.

https://www.miit.gov.cn/jgsj/jns/wjfb/art/2021/art_2735a1da5a5347c5bb4e7ac765f62bd7.html.

[7] 林毅夫. 新结构经济学 [M]. 北京：北京大学出版社，2020 年版.

[8] 朱富强. 如何引导"企业家精神"的合理配置——兼论有为政府和有效市场的结合 [J]. 教学与研究，2018（05）：51—58.

[9] 傅春，赵晓霞. 双循环发展战略促进新旧动能转换路径研究——对十九届五中全会构建新发展格局的解读 [J]. 理论探讨，2021（01）：82—87.

[10] 安礼伟，张二震. 中国经济新旧动能转换的原因、基础和路径 [J]. 现代经济探讨，2021（01）：9—15.

[11] 格里高利·曼昆. 宏观经济学 [M]. 北京：中国人民大学出版社，第七版：167—197.

[12] 伊志宏. 消费经济学 [M]. 北京：中国人民大学出版社，2004：179—203.

[13] 中国共产党西藏自治区第十次代表大会
http://www.xizang.gov.cn/xwzx_406/syttxw/202111/t20211129_271817.html

[14] 狄方耀. 西藏经济学概论 [M]. 厦门：厦门大学出版社，2016:299—317.

[15] 任保平，苗新宇. 新经济背景下扩大新消费需求的路径与政策取向 [J]. 改革，2021（03）：14—25.

[16] 杨昆，高晓光，朱普选. 基于比较优势的西藏产业优化发展研究 [J]. 西藏民族大学学报（哲学社会科学版），2017，38（04）：14—19+153.

[17] 周勇. 人口因素对西藏经济的影响 [J]. 西藏研究，2015（05）：68—74.

[18] 西藏自治区人民政府办公厅. 西藏自治区志·政务志 [M]. 北京：中国藏学出版社，2007.

[19]《西藏自治区志·国民经济综合志》编纂委员会. 西藏自治区志·国民经济综合志 [M]. 北京：方志出版社，2015.

[20] 西藏自治区地方志编纂委员会. 西藏自治区志·粮食志 [M]. 北京：中国藏学出版社，2007.

[21]《西藏自治区志·城乡建设志》编纂委员会. 西藏自治区志·城乡建设志 [M]. 北京：中国藏学出版社，2011.

[22]《西藏自治志·财政志》编纂委员会. 西藏自治区志·财政志 [M]. 北京：中国藏学出版社，2011.

[23] 西藏自治志地方志编纂委员会. 西藏自治区志·海关志 [M]. 北京：中国藏学出版社，2007.

[24] 西藏自治志地方志编纂委员会. 西藏自治区志·税务志 [M]. 北京：中国藏学出版社，2005.

[25] 江村罗布. 辉煌的 20 世纪新中国大纪录—西藏卷 [M]. 北京：红旗出版社，1999.

[26] 丹增等. 当代中国西藏（上、下册）[M]. 北京：当代中国出版社出版，1994.

[27] 多杰才旦. 西藏经济简史 [M]. 中国藏学出版社出版，北京：2005.

[28] 肖怀远. 西藏产业政策研究 [M]. 北京：中国藏学出版社出版，1994.

[29] 孙勇等. 西藏经济社会发展简明史稿 [M]. 拉萨：西藏人民出版社出版，1994.

[30]《西藏自治区志·工商联志》编纂委员会. 西藏自治区志·工商联志 [M]. 北京：方志出版社，2016.

后 记

本书是在西藏民族大学西藏文化传承发展省部共建协同创新中心2021年重大委托课题"西藏特色产业高质量发展研究（2021）"子课题"西藏绿色工业高质量发展研究"的结项成果基础上修订完成的一部有关西藏绿色工业发展的学术著作。为完成研究和写作任务，课题组多次深入西藏开展调查研究，广泛收集资料，得到西藏相关部门和各地市广大干部群众的大力支持，在此深表感谢。

西藏必须立足"一带一路"倡议，立足特殊区情，立足"两屏四地"战略定位，立足新发展阶段，全面贯彻落实自治区十次党代会精神，完整准确全面贯彻新发展理念，服务融入国家新发展格局，为实现"锚定'四件大事'，着力推进'四个创建'、努力做到'四个走在前列'"战略目标夯实绿色工业发展的经济基础。目前本书集中反映西藏绿色工业发展的演进和部署。在今后的研究中，可从西藏绿色工业发展的政策落实方面持续关注。

本书由西藏民族大学财经学院张志恒教授担任第一主编，全面完成书稿设计、组织、编撰和修订。西藏民族大学财经学院汪朋副教授担任第二主编，协助张志恒教授完成设计、组织、编撰、修订。汪朋副教授、赵莹副教授带领王超华、范琰敏、丁萧镕、魏子君、焦文彬、李育昊等同学完成资料整理和实地调研，王超华完成最终校对。本书分工如下：第一章 西藏绿色工业内涵与发展的可行性，张志恒、汪朋、王超华；第二章 西藏绿色工业发展的基础与条件，汪朋、刘超、范琰敏；第三章 西藏绿色工业发展的历程、现状与问题，张志恒、王敏、丁萧镕；第四章 西藏天然饮用水产业发展专题，杨淼、王敏、李育昊；第五章 西藏优势绿色矿业发展专题，刘超、赵莹、魏子君；第六章 西藏绿色建材业发展专题，刘颖、赵莹；第七章 西藏民族手工业发展专题，汪朋，王敏；第八章 西藏节能环保产业发展专题，王敏，刘颖；第九章 西藏绿色工业发展展望，张志恒、汪朋、王超华。最后由张志恒完成终稿修订。感谢西藏文化传承发展协同创新中心对本书编写给予的大力支持和鼎力资助。

由于时间仓促，加之编写组水平有限，限于材料收集缺失，书中难免出现纰漏，敬请批评指正！

课题组
二〇二二年四月